FORSCHUNGSBERICHTE
DES WIRTSCHAFTS- UND VERKEHRSMINISTERIUMS
NORDRHEIN-WESTFALEN

Herausgegeben von Staatssekretär Prof. Leo Brandt

Nr. 224

Dipl.-Ing. H. Stüdemann
Ing. R. Beu

Forschungsinstitut für die Schneidwarenindustrie an der Fachschule für
Metallgestaltung und Metalltechnik, Solingen

Verfahren zur Prüfung der Korrosionsbeständigkeit von Messerklingen aus rostfreiem Stahl

Als Manuskript gedruckt

WESTDEUTSCHER VERLAG / KÖLN UND OPLADEN

1956

ISBN 978-3-663-03238-0   ISBN 978-3-663-04427-7 (eBook)
DOI 10.1007/978-3-663-04427-7

Forschungsberichte des Wirtschafts- und Verkehrsministeriums Nordrhein-Westfalen

G l i e d e r u n g

I. Allgemeines über die Korrosion und korrosions-
beständige Messerstähle . . . . S. 5

II. Aufgabenstellung . . . . S. 7

III. Die Entwicklung eines neuen Korrosionsprüfverfahrens S. 8

IV. Die Festlegung der Prüfungsbedingungen . . . . S. 63

V. Das Prüfgerät . . . . S. 64

VI. Vergleich des neuen Prüfverfahrens mit den bisher
üblichen Methoden . . . . S. 66

VII. Literaturverzeichnis . . . . S. 68

Forschungsberichte des Wirtschafts- und Verkehrsministeriums Nordrhein-Westfalen

I. Allgemeines über die Korrosion und korrosionsbeständige Messerstähle

Als Korrosion wird die von der Oberfläche ausgehende Zerstörung eines festen Körpers bezeichnet, die durch chemischen Angriff erfolgt (z.B. durch Lösungen von Säuren, Basen, Salzen sowie durch geschmolzene Metalle, Oxyde oder Gase)(1)). Die Stärke des Angriffes ist einmal von der Größe der Passivität des Werkstoffes und zum anderen von der Art und Konzentration des Angriffsmittels abhängig. Zusätzlich haben noch äußere Einflüsse wie Druck, Temperatur, elektromotorische Kräfte u.a.m. Bedeutung. Begründet ist die Korrosion in dem Lösungsdruck des Werkstoffes gegenüber dem ihn umgebenden Medium. Dabei kann sie in verschiedenen Formen auftreten. Besondere Bedeutung haben: Die Lochkorrosion, die Spannungskorrosion, die inter- und intrakristalline Korrosion, die Spalt- und die Kontaktkorrosion. Besteckteile kommen im täglichen Gebrauch vielfach mit Stoffen in Berührung, die auf Grund ihrer chemischen Zusammensetzung zu Korrosionserscheinungen führen können, so z.B. Essig, Senf, Obst- und Fruchtsäfte, Spül- und Reinigungsmittel u.a.m. Um diesen Übelstand, der für den Benutzer unter anderem auch gesundheitliche Schäden zur Folge haben kann, zu beheben, wird schon seit Jahrzehnten der größte Teil der Bestecke aus Stählen gefertigt, die durch die Art der Legierung einen weitgehenden Korrosionsschutz gegen die Reagenzien des täglichen Gebrauches bieten. Man bezeichnet die hieraus hergestellte Stahlwaren-Qualität als "rostfrei" oder "rostbeständig", eine Kennzeichnung, die in Verbraucherkreisen vielfach zu der Ansicht geführt hat, daß die so bezeichneten Artikel allen korrodierenden Einflüssen gewachsen wären. Das ist bekanntlich nicht der Fall. Der Korrosionsschutz bezieht sich bei ausreichender Qualität des Stahles hinsichtlich Legierung und Verarbeitung lediglich auf die korrodierenden Einflüsse der üblicherweise verwendeten Stoffe des täglichen Gebrauches. Für Reagenzien anderer Zusammenstellung und Konzentration ist der Korrosionsschutz dieser Stähle vielfach nicht ausreichend.

Die in der Stahlwaren-Industrie Verwendung findenden rostfreien Besteckstähle basieren im allgemeinen auf der Legierung von Fe mit Cr und C. Das Hinzulegieren von anderen Elementen wie z.B. Ni, Mo, Cu, V, Ti, Co u.a.m. wird selten vorgenommen und richtet sich dann nach den besonderen Ansprüchen, die in chemisch- sowie in mechanisch-physikalischer Hinsicht an diese Stähle gestellt werden.

Chrom, das an sich unedler als Eisen ist, zeigt in einer oxydierend wirkenden Atmosphäre eine starke Passivität. Es wurde festgestellt, daß die Passivität des Eisens durch stufenweises Hinzulegieren von Chrom bis zu einem Prozentsatz von ca. 11,5 % nur unwesentlich erhöht wird. Bei einem Anteil des Cr-Gehaltes der Legierung von ca. 12 % tritt sprunghaft eine starke Erhöhung der Passivität ein, die auch durch eine weitere Steigerung des Cr-Gehaltes nur noch geringfügig verstärkt werden kann. Als Ursache hierfür wurde z.T. die Bildung eines Oxydfilmes angesehen (Oxydfilm-Theorie)(2)). Eisenstecken und Roters haben jedoch festgestellt, daß sich auch mittels Elektronenstrahlen noch kein Oxydfilm nachweisen läßt (3). Sie halten jedoch die Existenz eines Oxydfilms, der dünner als 7 bis 10 $\overset{\circ}{A}$ ist, für möglich. Auf Grund ihrer Untersuchungen vermuten sie aber, daß die Tatsache der Passivität des rostfreien Cr-Stahles eher in einer absorbtiv gebundenen Sauerstoffschicht liegt. Eine weitere Theorie sieht als Ursache der Passivität eine Verlagerung von Elektronen des Eisens an das Chrom an, wodurch das Eisen den Charakter eines edleren Metalles erhält und passiv wird.

Bei der Betrachtung des Korrosionsverhaltens der rostfreien Messerstähle spielt naturgemäß der C-Gehalt der Legierung eine bedeutende Rolle. Kohlenstoff und Chrom bilden Karbide, durch die bei ihrer Ausscheidung der Grundmasse Chrom entzogen wird. Sinkt hierdurch der Cr-Gehalt der Grundmasse unter ca. 11,8 %, so nimmt die Passivität des Stahles sprunghaft ab. Maßgebend für die Korrosionsbeständigkeit ist somit einmal das Verhältnis des C- und Cr-Gehaltes zum Eisen sowie zum anderen die Warmbehandlung des rostfreien Messerstahles, da der Anteil der ausgeschiedenen Chromkarbide von der Warmbehandlung abhängig ist. So kann durch Erwärmung auf Temperatur um 1000° eine weitgehende Auflösung dieser Karbide erzielt werden, wodurch die Grundmasse mit Chrom angereichert und die Korrosionsbeständigkeit gegenüber dem Glühzustand wesentlich erhöht wird, sofern man durch rasche Abkühlung die Wiederausscheidung der Karbide verhindert.

Neben diesen beiden wichtigsten Faktoren Legierung und Gefüge sind die Oberflächengüte und der Reinheitsgrad des Stahles für die Größe der Passivität rostfreier Messerstähle von Bedeutung, da einmal die polierte Oberfläche die geringsten Ansatzmöglichkeiten für den Angriff bietet, und zum anderen Einschlüsse von Unreinheiten, wie Schlackenteilchen Ausgangspunkt von Spaltkorrosion und Lochfraß sein können.

II. Aufgabenstellung

Der Produzent rostfreier Messerklingen hat im allgemeinen nur die Möglichkeit, durch die Untersuchung aller maßgebenden Faktoren Schlüsse auf die Korrosionsbeständigkeit der Klingen zu ziehen. Dieser Weg ist zeitraubend und kostspielig und kann kaum in den Fluß einer rationellen Fertigung eingebaut werden. Die moderne Fertigung braucht ein Prüfverfahren, das es betrieblich gestattet, die Korrosionsbeständigkeit rostfreier Messerklingen kurzzeitig und ohne großen Kostenaufwand zu bestimmen. Es sind zwar eine Reihe von Korrosionsprüfverfahren bekannt (vergl. DIN 50 905) so z.B. Dauertauchversuch, Wechseltauchversuch, Kochversuch und Sprühversuch. Diese Prüfverfahren basieren jedoch durchweg auf Langzeitversuchen und sind schon aus diesem Grunde für eine betriebliche Prüfung kaum geeignet. Zum anderen entsprechen die Versuchsbedingungen oftmals nicht den praktischen Gegebenheiten, denen die Klinge im täglichen Gebrauch unterliegt.

Eine andere für Messerklingen verwendete Prüfmethode ist die sogenannte Tüpfelprobe. Sie beruht darauf, die Messerklinge mit einer chemischen Reagenz in Berührung zu bringen, wobei in etwa die Anforderungen, wie sie im Gebrauch durch die Einwirkung von Speisen auftreten, zugrunde gelegt werden (z.B. Essig, Senf). Eine derartige Prüfung ist nur bedingt von Wert, da die im Gebrauch auftretenden Reagenzien in ihrer Zusammensetzung stärker schwanken und unterschiedlicher sind, und da normalerweise bei Verwendung von organischen Säuren, wie sie in Speisen vorkommen, sehr lange Zeit für die Erzielung eines Angriffes notwendig ist. Die Prüfzeit dadurch abzukürzen, daß man entsprechende Säuren stärkerer Konzentration verwendet oder den Versuch bei erhöhter Temperatur durchführt, kann insofern nicht zu exakten Ergebnissen führen, als mit Erhöhung der Konzentration grundsätzlich andere Bedingungen auftreten, und daher ein Rückschluß auf das Verhalten bei normaler Konzentration und Raumtemperatur im allgemeinen nicht möglich ist.

Bei der Entwicklung eines Prüfverfahrens, das den Bedingungen der kurzen Versuchszeit, der Meßgenauigkeit und der Wiederholbarkeit der Ergebnisse gerecht werden soll, mußte man daher von anderen Voraussetzungen ausgehen.

Forschungsberichte des Wirtschafts- und Verkehrsministeriums Nordrhein-Westfalen

III. Die Entwicklung eines neuen Korrosionsprüfverfahrens

Einen geeigneten Weg zur Erfüllung obiger Forderungen schien die Messung der Korrosionsbeständigkeit über die elektrolytische Lösungsfähigkeit des Werkstoffes zu bieten. Es wurde von folgender Überlegung ausgegangen: Bei der Metallkorrosion handelt es sich im allgemeinen um einen elektrochemischen Vorgang, der durch das Angriffsmittel als Elektrolyt und die Bildung von Lokalelementen auf dem Werkstoff eingeleitet wird. Maßgebend sind hierbei die 3 Größen des Ohmschen Gesetzes und zwar die Potentialdifferenz der Elektroden, der Widerstand des elektrischen Kreises und der Strom, der sich in Abhängigkeit von den beiden anderen Faktoren ergibt. Dabei geht die unedlere Elektrode in Lösung, d.h. die Korrosion des Werkstoffes beginnt. Auf Grund dieser Gesetzmäßigkeit kann die Korrosionsneigung von Metallen durch verhältnismäßig einfache Methoden über die Größen Strom oder Spannung gemessen werden. Es wurden daher eine Anzahl von Versuchsreihen durchgeführt, die darauf basierten, die Menge des unedleren in Lösung gehenden Stoffes über die Strommenge zu erfassen, und zwar wurde durch Tauchen einer rostfreien Messerklinge, sowie einer Kohlevergleichselektrode in einem sauren Elektrolyten ein galvanisches Element geschaffen. Durch Einschalten eines mA-Meters in den Stromkreis konnte über die Strommenge die Menge des unedleren, in Lösung gehenden Cr-Stahles ermittelt werden. Als Elektrolyt wurde anfänglich eine 10 %ige Essigsäure verwendet. Durch Testversuche wurden außerdem andere Elektrolyte auf ihre Eignung zur Korrosionsprüfung (u.a. destilliertes Wasser) untersucht. Es erwies sich am geeignetsten, einen Elektrolyten zu wählen, der sich überwiegend aus verdünnter Salzsäure (reduzierender Anteil) und einem geringen Zusatz stark verdünnter Salpetersäure (oxydierender Anteil) zusammensetzt. Außerdem wurden Versuche mit anderen Vergleichselektroden (z.B. Cu, Pt und Fe) durchgeführt. Diese Untersuchungen zeigten, daß die Strommessung auf Grund ihrer Abhängigkeit von der Größe der getauchten Elektrodenfläche unzweckmäßig ist, da die Stromkurve bei unterschiedlicher Elektrodenfläche vertikal verschoben wird. Um diese Verschiebung zu vermeiden wurde versucht, den getauchten Teil der Klinge bis auf einen quadratischen Ausschnitt von 0,25 cm^2 durch Stearin abzudecken, um somit eine gleiche Elektrodenfläche zu gewährleisten. Dieses Verfahren ist jedoch einmal sehr umständlich, und zum anderen wird die Prüfung auf einen kleinen Teil der Klingen beschränkt. Ferner ist es sehr schwierig, den quadratischen

Ausschnitt zur Prüfung zu entfetten. Es wurde daher zur Potentialmessung übergegangen, die neben ihrer Unabhängigkeit von der Fläche den Vorteil bietet, daß mit dem bedeutend höheren Widerstand des Meßkreises das Prüfungsergebnis durch die auftretende Polarisation nicht in dem Maße beeinflußt wird wie bei der Strommessung. Zusätzlich ist von Wichtigkeit, daß die Potentialmessung bedeutend kürzere Prüfzeiten zur Erlangung eines brauchbaren Ergebnisses benötigt. Die Versuche ergaben ferner, daß eine Eisenvergleichselektrode (Eisenblech) am besten für die Messungen geeignet ist. Denn während Chrom an sich in der galvanischen Spannungsreihe unedler als Eisen ist, wird durch die sich einstellende Passivität bei Chrom bzw. ebenso bei den hoch chromhaltigen Messerstählen dieses edler als Eisen erscheinen. Dabei wird ein Angriff der hoch chromlegierten Messerstähle erst dann erfolgen, wenn durch äußere chemische Einwirkung die Passivität der Oberfläche beseitigt wird. Zufolge dieser Überlegung muß sich also der Cr-Stahl, sofern er mit Eisen als Gegenpol zusammen in einen Elektrolyten gebracht wird, gegenüber dem Eisen so lange positiv verhalten, als er nicht angegriffen wird, d.h. die Passivität nicht beseitigt wird. Mißt man somit das Potential zwischen zwei Elektroden aus Cr-Stahl und Eisen, so geht der Spannungswert in dem Moment durch 0, in dem die Passivität gerade beseitigt ist und der chemische Angriff des Cr-Stahles beginnt.

Es galt daher für die Beurteilung des Korrosionsverhaltens festzustellen, wann Reagenzien zu einer Zerstörung der Passivität des Cr-Stahles führen. Wesentlich ist dabei, daß die oxydierenden Säuren, wie z.B. Salpetersäure, in gewissen Grenzen die Passivität der Oberfläche erhöhen, während die reduzierenden Säuren, wie z.B. Salzsäure, die Passivität unterbinden bzw. beseitigen und damit den chemischen Angriff ermöglichen.

Bei den Versuchen wurde eine stark verdünnte oxydierende Säure (Salpetersäure) als Ausgangslösung (Grundelektrolyt) gewählt und dieser dann eine reduzierende Säure (Salzsäure) zugesetzt. Das sich nun zunächst durch die Salpetersäure, die passivierend auf den Cr-Stahl wirkt, einstellende hohe positive Potential der Messerklinge wurde mit ansteigendem Salzsäuregehalt des Elektrolyten immer mehr abgesenkt, bis schließlich das Potential vom positiven in den negativen Bereich wechselte, d.h. beispielsweise eine rostbeständige Messerklinge negativ gegenüber der Vergleichselektrode wurde.

Auf Grund dieser Versuchsergebnisse wurden Lösungen mit unterschiedlichem Gehalt an Salz- und Salpetersäure angesetzt, um hiermit durch die Potentialmessung den um den O-Punkt liegenden positiven und negativen Bereich genauer zu erfassen. Dabei mußte naturgemäß der Faktor der Tauchzeit berücksichtigt werden, da bedingt durch den chemischen Angriff der Säurelösung das Potential der Messerklinge mit zunehmender Tauchzeit abfällt. Es wurde festgestellt, daß sich das Potential nach längerer Tauchzeit einem festen Wert nähert, der für den entsprechenden Elektrolyten als Endzustand der chemischen Einwirkung angesehen werden kann.

Da die Auswertung von Korrosionsversuchen nach den bisher üblichen Prüfmethoden visuell und subjektiv ist, konnte die Festlegung der Prüfungsbedingungen nur empirisch durch eine Großzahl von Versuchen erfolgen. Hierbei mußte übereinstimmend mit den Erfahrungen der Praxis davon ausgegangen werden, daß der Großteil der produzierten Klingen den im täglichen Gebrauch gestellten Anforderungen hinsichtlich der Korrosionsbeständigkeit genügt.

Nachdem durch Testversuche die Art der Prüfung sowie die Vergleichselektrode festgelegt waren, galt es nun durch Versuchsserien die Konzentration des Elektrolyten und die Prüfzeit zu ermitteln. Hierzu wurden 27 Klingensorten verschiedener Herstellerfirmen mit unterschiedlicher Qualität hinsichtlich Legierung und Verarbeitung herangezogen.

Die Versuchsanordnung entsprach der Abbildung 1, und zwar wurde in dem jeweiligen Elektrolyten das Potential zwischen der rostfreien Messerklinge und der Vergleichselektrode aus C-Stahl mittels eines mV-Meters in Abständen von je 1 min gemessen. Das Meßgerät hatte einen Meßbereich von - 500 mV bis + 500 mV mit dem O-Punkt in Skalenmitte.

Um Polarisationserscheinungen weitgehendst auszuschalten, wurde der Meßkreis nur zum Zeitpunkt der Messung kurzzeitig durch einen Trennschalter geschlossen.

Die Untersuchungen zur Ermittlung eines geeigneten Elektrolyten und der notwendigen Prüfzeit umfaßten 28 Versuchsserien, in denen jeweils das Potential von mehreren Messerklingen der gleichen Sorte in verschiedenen Elektrolyten in Abhängigkeit von der Tauchzeit gemessen wurde. Die Elektrolyte basierten auf einer stark verdünnten Salpetersäure - 0,1 cm^3 10 %ige HNO_3 auf 900 cm^3 H_2O -. Diesem Grundelektrolyten wurden 5 - 30 cm^3 10 %ige Salzsäure zugesetzt.

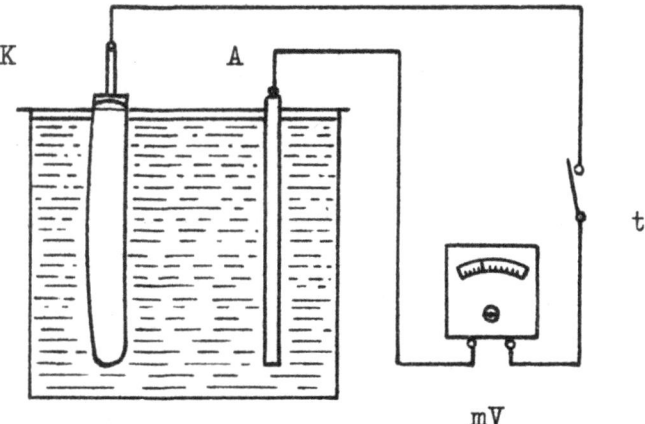

A b b i l d u n g   1

K = Messerklinge
A = Vergleichselektrode
t = Trennschalter
mV = Millivoltmeter

Durch die Prüfung mehrerer Klingen der gleichen Sorte in den verschiedenen Elektrolyten konnte somit das Korrosionsverhalten einer Messersorte durch die Potentialmessung bestimmt werden. Voraussetzung hierzu war naturgemäß die gleiche Passivität aller Klingen einer Sorte. Zur Kontrolle wurde daher für jede Messersorte der Potentialverlauf der verschiedenen Klingen graphisch in einem Kurvenblatt dargestellt. Hierdurch konnten Klingen unterschiedlicher Passivität leicht festgestellt werden, da ihre Meßwerte von dem übrigen Kurvenverlauf abweichen.

In solchen Fällen wurde stets versucht, die Ursache der Abweichung zu ermitteln. Im Rahmen der Korrosionsprüfungen wurden daher zahlreiche chemische Analysen sowie Härte- und Gefügeuntersuchungen der Messerklingen durchgeführt.

In den folgenden Wertetabellen sind die Ergebnisse der durchgeführten Versuchsserien tabellarisch zusammengestellt. Die zugehörigen Kurvenblätter geben den ermittelten Potentialverlauf der geprüften Klingen in Abhängigkeit von Tauchzeit und Elektrolyt graphisch wieder.

Versuchsserie 1

Messersorte 1 - Abbildung 2

Klinge Nr.	1	2	3	4	5	6
C %	0,31	0,32	0,32	0,32	0,31	0,31
Cr %	12,3	12,3	12,3	12,3	12,7	12,3
HRc *) (z.Sp.h.)	50,50,50	51,50,50	49,50,50	50,51,50	50,50,50	51,50,50
HCl-Zugabe (cm^3)	5	10	15	20	25	30
U(mV) 1 min	+ 170	+ 120	+ 70	+ 30	+ 5	- 12
" 2 "	+ 170	+ 50	+ 5	- 5	- 3	- 15
" 3 "	+ 160	+ 20	0	- 12	- 6	- 17
" 4 "	+ 150	+ 5	- 5	- 15	- 8	- 18
" 5 "	+ 145	+ 3	- 10	- 8	- 10	- 20
" 6 "	+ 135	0	- 10	- 20	- 12	- 22

*) Die Angabe der Rockwellhärte erfolgt vom Klingenkropf zur Klingenspitze hin (=z.Sp.h.), und zwar gibt der erste Wert die Härte des Klingenblattes in der Nähe des Kropfes an, der zweite Wert die Härte der Mitte des Klingenblattes und der dritte Wert die Härte der Klingenspitze

Auswertung der Versuchsserie 1

Es wurden 6 Messerklingen der Sorte 1 geprüft. Die erzielten Meßwerte sind in Abbildung 2 graphisch dargestellt. Wesentliche Abweichungen, bedingt durch den erhöhten Cr-Gehalt der Legierung, treten nur bei der Klinge 5 auf. Bemerkenswert ist die trotz des geringen Cr-Gehaltes erzielte Beständigkeit der Klingensorte. Sie läßt auch bei Berücksichtigung des niedrigen C-Gehaltes auf eine einwandfreie Vergütung schließen.

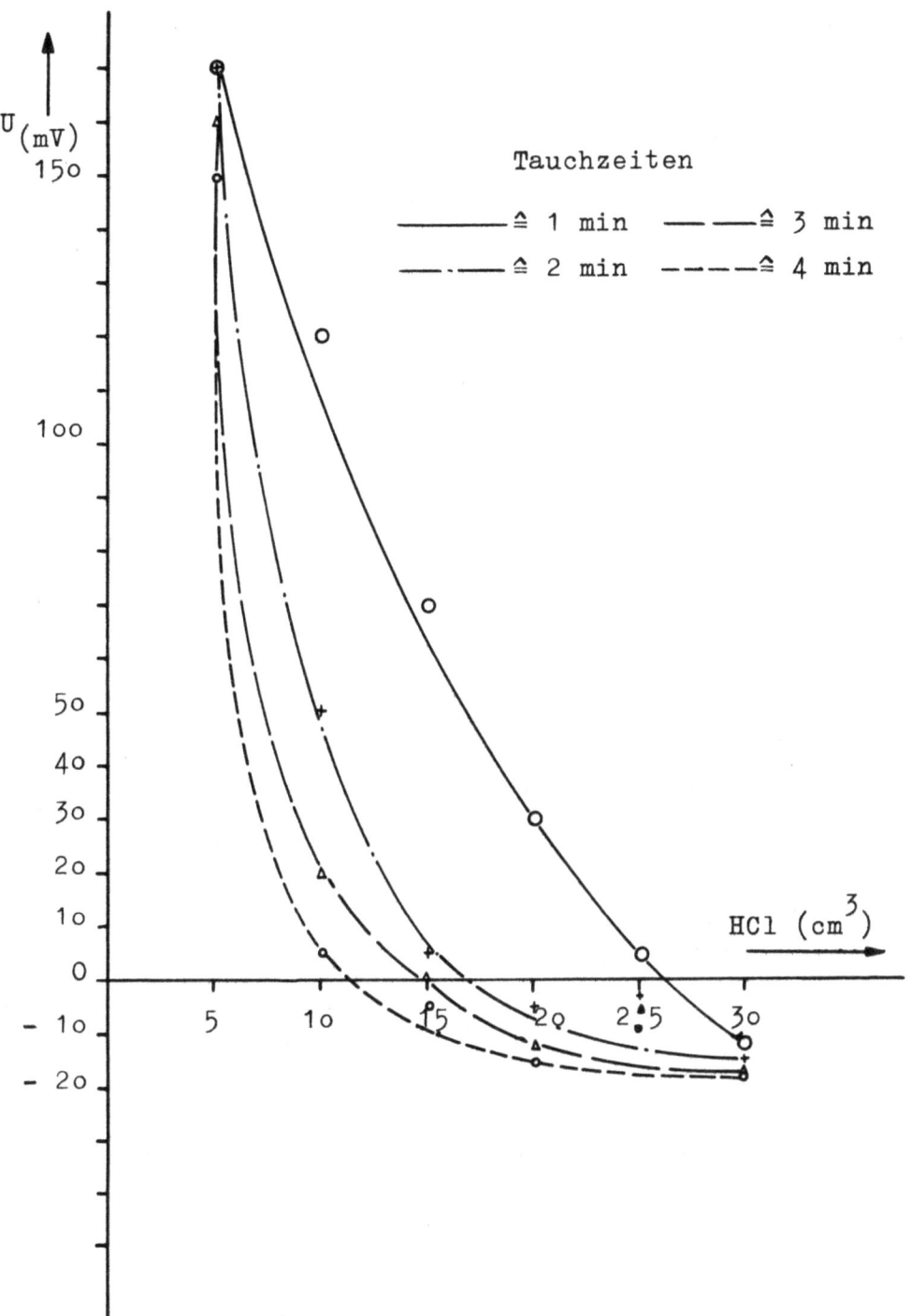

Abbildung 2

Versuchsserie 2

Messersorte 2 - Abbildung 3

Klinge Nr.	1	2	3	4	5	6
C %	0,38	0,41	0,38	0,38	-	-
Cr %	13,6	13,5	13,6	13,6	-	-
HRc (z.Sp.h.)	51,51,49	49,49,50	50,51,50	50,51,51	-	-
HCl-Zugabe (cm^3)	10	15	20	25	-	-
U(mV) 1 min	+ 165	+ 165	+ 160	+ 118	-	-
" 2 "	+ 123	+ 140	+ 130	- 8	-	-
" 3 "	+ 72	+ 65	+ 62	- 20	-	-
" 4 "	+ 46	+ 10	- 3	- 24	-	-
" 5 "	+ 22	- 8	- 8	- 24	-	-
" 6 "	+ 8	- 12	- 10	- 25		

Auswertung der Versuchsserie 2

Auf Grund des höheren C-Gehaltes sowie einer ungenügenden Vergütung des Messerstahles ist die Korrosionsbeständigkeit der Klinge 2 geringer als die der übrigen 3 Klingen gleicher Sorte.

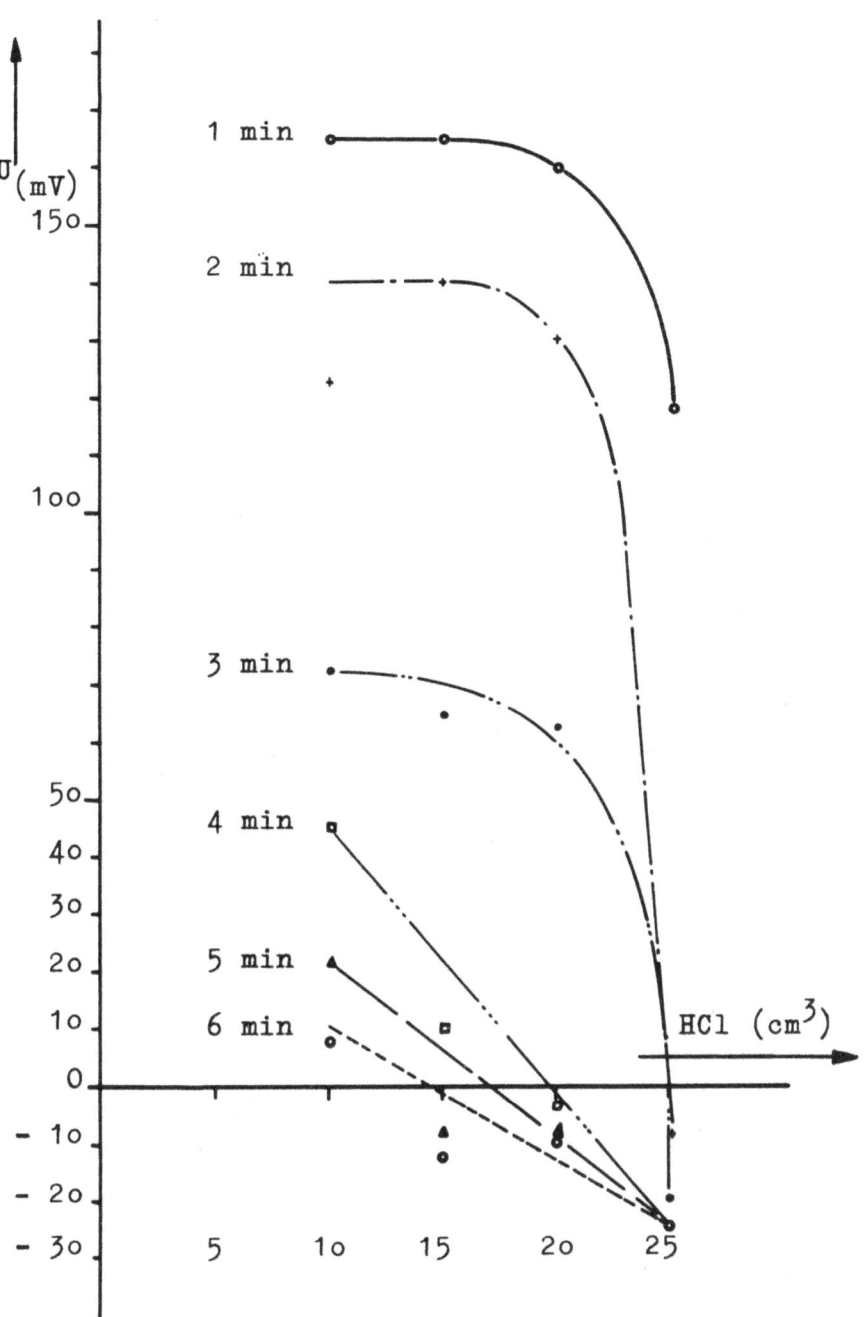

Abbildung 3

Versuchsserie 3

Messersorte 3 - Abbildung 4

Klinge Nr.	1	2	3	4	5	6
C %	0,64	0,63	0,64	0,64	0,64	-
Cr %	15,3	15,4	15,3	15,3	15,7	-
HRc (z.Sp.h.)	52,51,49	51,52,51	50,51,51	51,51,51	47,50,45	-
HCl-Zugabe (cm^3)	5	10	15	20	25	-
U(mV) 1 min	+ 210	+ 175	+ 35	0	- 15	-
" 2 "	+ 220	+ 150	- 20	- 35	- 38	-
" 3 "	+ 225	+ 80	- 35	- 42	- 44	-
" 4 "	+ 230	+ 33	- 42	- 48	- 49	-
" 5 "	+ 235	+ 8	- 44	- 50	- 51	-
" 6 "	+ 242	- 3	- 50	- 51	- 53	-

Auswertung der Versuchsserie 3

Zur Erzielung besserer Schneideigenschaften ist der C-Gehalt dieser Klingensorte erhöht. Um das für die Korrosionsbeständigkeit erforderliche Verhältnis zwischen C und Cr der Legierung zu erhalten, weisen die Klingen auch eine Steigerung des Cr-Gehaltes auf. Die Vergütung ist ungleichmässig, die der Klinge 5 völlig unzureichend, was durch einen erhöhten Cr-Gehalt dieser Klinge im Ergebnis der Korrosionsprüfung nicht zum Ausdruck kommt. Durch eine einwandfreie Vergütung dürfte die Beständigkeit der Messersorte wesentlich verbessert werden.

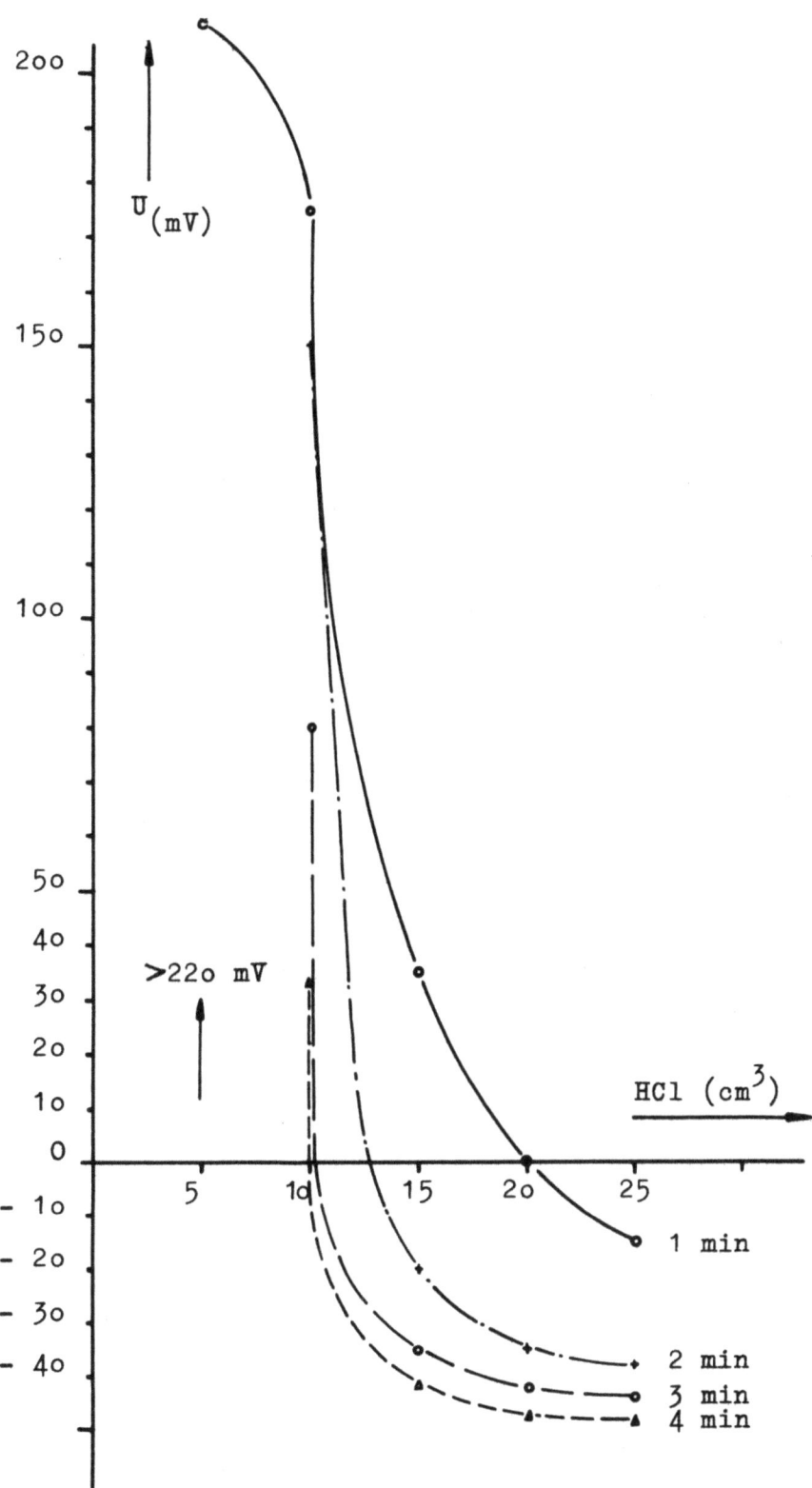

Abbildung 4

Versuchsserie 4

Messersorte 4 - Abbildung -

Klinge Nr.	1	2	3	4	5	6
C %	0,49	0,49	0,48	0,49	0,48	0,48
Cr %	15,2	15,2	15,3	15,2	15,2	15,2
HRc (z.Sp.h.)	58,57,58	57,57,57	49,48,48	57,58,57	50,51,51	50,50,50
HCl-Zugabe (cm^3)	5	10	15	20	25	30
U(mV) 1 min	+ 200	+ 172	0	+ 162	+ 20	+ 140
" 2 "	+ 210	+ 158	- 53	+ 155	- 30	+ 110
" 3 "	+ 215	+ 153	- 68	+ 152	- 38	- 10
" 4 "	+ 220	+ 152	- 72	+ 150	- 40	- 33
" 5 "	+ 227	+ 152	- 76	+ 149	- 42	- 36
" 6 "	+ 243	+ 150	- 78	+ 148	- 43	- 38

Auswertung der Versuchsserie 4

Die Klingen 1, 2 und 4 zeichnen sich gegenüber den Klingen 3, 5 und 6 der geprüften Messersorte 4 durch eine hohe Beständigkeit aus. Das Prüfungsergebnis dieser Versuchsserie zeigt eindeutig den Einfluß der Vergütung auf die Passivität der Klingen. Die Vergütung der Klingen 3, 5 und 6 ist nicht ausreichend, was schon durch die niedrigen Härtewerte zu erkennen ist.

Versuchsserie 5

Messersorte 5 - Abbildung -

Klinge Nr.	1	2	3	4	5	6
C %	0,60	0,58	0,60	0,58	0,58	-
Cr %	15,8	15,3	15,8	15,3	15,3	-
HRc (z.Sp.h.)	56,56,57	48,50,50	55,57,57	50,51,50	49,50,50	-
HCl-Zugabe (cm^3)	10	15	20	25	30	-
U(mV) 1 min	+ 220	+ 172	+ 190	+ 170	- 35	-
" 2 "	+ 228	+ 43	+ 200	+ 56	- 50	-
" 3 "	+ 233	- 8	+ 203	- 8	- 56	-
" 4 "	+ 242	- 22	+ 205	- 30	- 60	-
" 5 "	+ 248	- 28	+ 208	- 40	- 63	-
" 6 "	+ 253	- 32	+ 210	- 43	- 66	-

Auswertung der Versuchsserie 5

Auch aus dem Ergebnis dieser Versuchsserie sieht man den starken Einfluß der Vergütung des rostfreien Messerstahles auf die Korrosionsbeständigkeit der Klingen. Eine weitere Zunahme der Beständigkeit ist bei den Klingen 1 und 3 mit dem erhöhten Cr-Gehalt zu erklären. Da der C-Gehalt dieser Klingen ebenfalls wenn auch geringfügig erhöht ist, wird ihre starke Passivität im wesentlichen auf die Vergütung zurückzuführen sein.

Versuchsserie 6

Messersorte 6 - Abbildung 5

Klinge Nr.	1	2	3	4	5	6
C %	0,37	0,37	0,37	0,36	-	-
Cr %	13,0	13,1	13,0	13,0	-	-
HRc (z.Sp.h.)	50,50,50	50,51,50	50,50,50	49,50,50	-	-
HCl-Zugabe (cm^3)	10	15	20	25	-	-
U(mV) 1 min	+ 168	+ 162	+ 128	+ 85	-	-
" 2 "	+ 162	+ 153	+ 15	- 20	-	-
" 3 "	+ 152	+ 130	- 10	- 23	-	-
" 4 "	+ 140	+ 93	- 15	- 23	-	-
" 5 "	+ 125	+ 40	- 16	- 27	-	-
" 6 "	+ 112	0	- 18	- 26	-	-

Auswertung der Versuchsserie 6

Bedingt durch eine gleichmäßige Vergütung weist diese Messersorte trotz des an sich geringen Cr-Gehaltes der Legierung eine mittlere Beständigkeit auf. Abweichungen einzelner Klingen aus dem Gesamtbild des Kurvenverlaufes treten nicht auf.

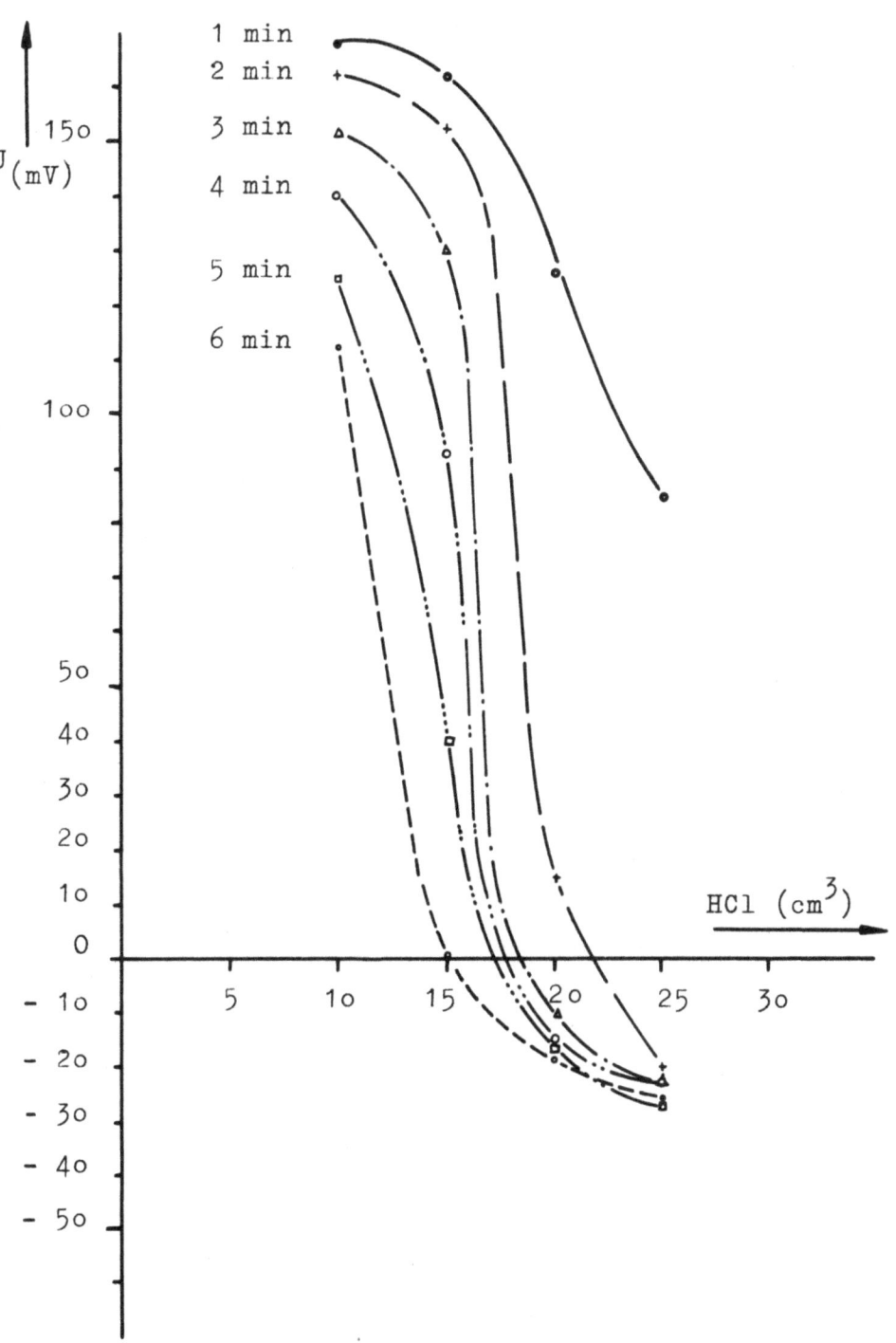

Abbildung 5

Versuchsserie 7

Messersorte 7 - Abbildung 6

Klinge Nr.	1	2	3	4	5	6
C %	0,58	0,57	0,57	0,58	0,60	0,57
Cr %	15,4	15,3	15,3	15,4	15,3	15,3
HRc (z.Sp.h.)	50,53,55	44,53,57	49,54,52	48,55,52	54,49,54	49,51,53
HCl-Zugabe (cm^3)	5	10	15	20	25	30
U(mV) 1 min	+ 187	+ 148	+ 73	+ 40	+ 50	+ 93
" 2 "	+ 188	+ 114	+ 10	- 18	- 20	- 21
" 3 "	+ 188	+ 100	- 7	- 32	- 35	- 36
" 4 "	+ 190	+ 78	- 10	- 36	- 39	- 38
" 5 "	+ 192	+ 62	- 24	- 38	- 41	- 39
" 6 "	+ 194	+ 46	- 28	- 40	- 42	- 40

Auswertung der Versuchsserie 7

Starke Unterschiede in den Härtewerten lassen auf eine ungleichmäßige Vergütung dieser Messersorte schließen. Durch den erhöhten C-Gehalt der Klinge 5 wird bei gleichem Cr-Gehalt der Legierung die schwache Passivität noch weiter verringert. Der an sich unverständliche Anstieg der Potentialkurve zur 1. min dürfte seine Ursache in einer unzureichenden Entfettung der Klingen 5 und 6 vor der Korrosionsprüfung haben.

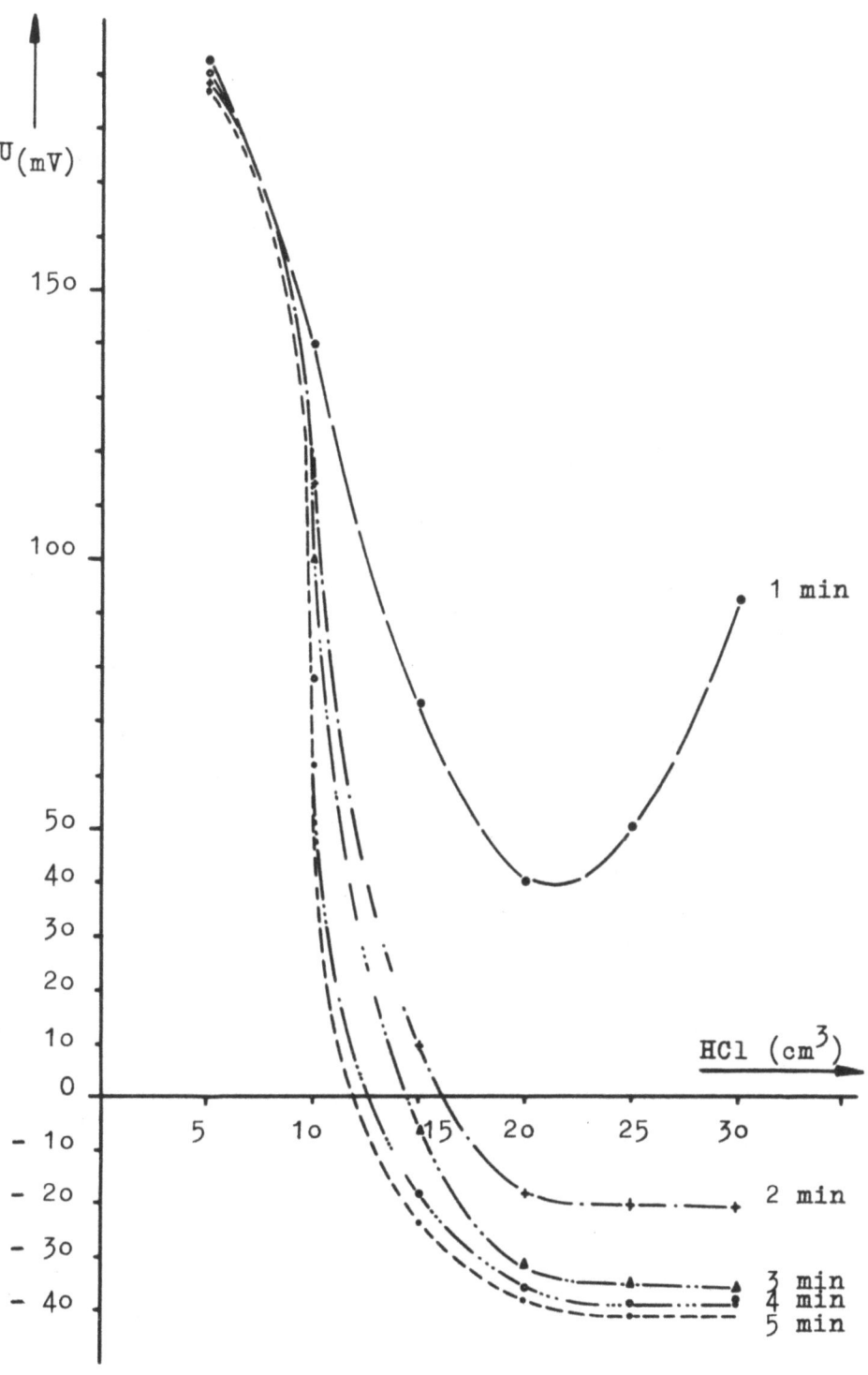

Abbildung 6

Versuchsserie 8

Messersorte 8 - Abbildung 7

Klinge Nr.	1	2	3	4	5	6
C %	0,40	0,40	0,39	0,40	-	-
Cr %	13,6	13,5	13,6	13,6	-	-
HRc (z.Sp.h.)	51,51,52	51,51,51	52,51,52	51,52,52	-	-
HCl-Zugabe (cm^3)	10	15	20	25	-	-
U(mV) 1 min	+ 210	+ 210	+ 170	+ 145	-	-
" 2 "	+ 218	+ 211	+ 120	+ 45	-	-
" 3 "	+ 220	+ 203	+ 48	+ 3	-	-
" 4 "	+ 222	+ 197	+ 20	- 2	-	-
" 5 "	+ 224	+ 190	+ 5	- 3	-	-
" 6 "	+ 226	+ 183	+ 2	- 6	-	-

Auswertung der Versuchsserie 8

Die geprüfte Messersorte 8 zeichnet sich durch eine hohe Korrosionsbeständigkeit aus. Streuungen der Potentiale treten nicht auf. In der Meßreihe 10 wird das hohe Anfangspotential der Klinge 1 durch den Anteil des Elektrolyten an oxydierender Säure (HNO_3) geringfügig mit zunehmender Tauchzeit weiter erhöht.

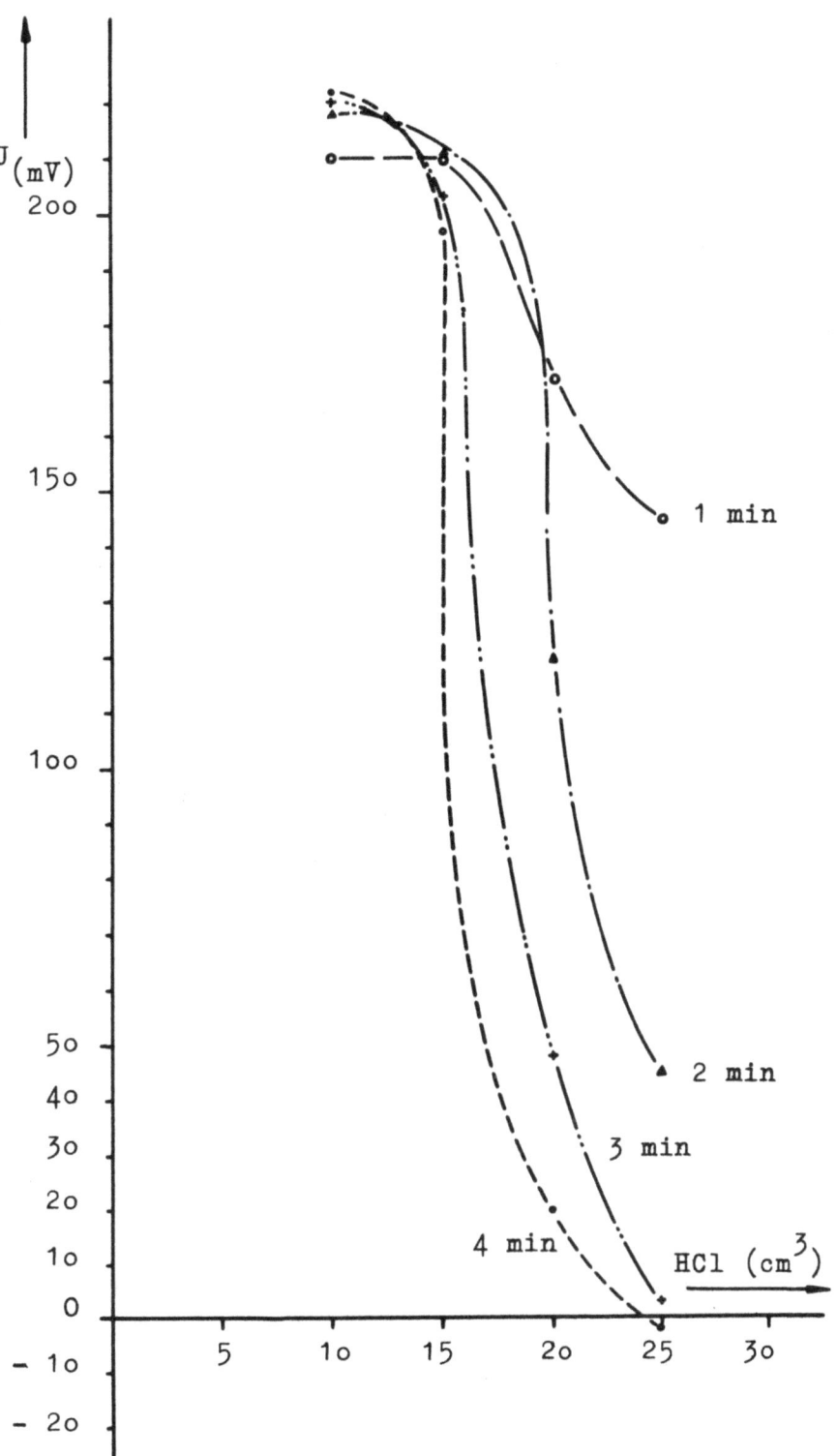

Abbildung 7

Versuchsserie 9

Messersorte 9 - Abbildung -

Klinge Nr.	1	2	3	4	5	6
C %	0,42	0,42	0,44	0,43	0,41	-
Cr %	13,3	13,2	13,7	13,7	12,8	-
HRc (z.Sp.h.)	49,51,52	50,52,52	50,54,53	51,52,53	46,51,52	-
HCl-Zugabe (cm^3)	5	10	15	20	25	-
U(mV) 1 min	+ 157	+ 105	+ 162	+ 90	- 30	-
" 2 "	+ 154	+ 55	+ 68	+ 16	- 38	-
" 3 "	+ 148	+ 30	+ 37	+ 3	- 43	-
" 4 "	+ 133	+ 8	+ 18	0	- 49	-
" 5 "	+ 113	- 2	+ 8	- 1	- 52	-
" 6 "	+ 112	- 3	0	- 1	- 54	-

Auswertung der Versuchsserie 9

Starke Streuungen der ermittelten Meßwerte geben kein klares Bild von der Passivität der geprüften Messersorte 9. Die Versuchsserie wurde daher mit 5 weiteren Klingen der gleichen Sorte wiederholt. Das Ergebnis ist nachstehend als Versuchsserie 11 angegeben. Aus den Werten der chemischen Analyse der Klingen ist zu ersehen, daß die Streuungen auf teilweise große Unterschiede in der Legierung des Messerstahles mit C und Cr zurückzuführen sind. Zusätzlich lassen Streuungen in den Härtewerten eine ungleichmäßige Vergütung des Messerstahles vermuten.

Forschungsberichte des Wirtschafts- und Verkehrsministeriums Nordrhein-Westfalen

Versuchsserie 10

Messersorte 10 - Abbildung -

Klinge Nr.	1	2	3	4	5	6
C %	0,38	0,39	0,38	0,40	0,40	-
Cr %	12,2	12,4	12,2	12,3	12,3	-
HRc (z.Sp.h.)	48,49,49	52,50,50	46,49,50	54,54,52	50,52,50	-
HCl-Zugabe (cm^3)	5	10	15	20	25	-
U(mV) 1 min	+ 183	+ 188	+ 64	+ 153	+ 100	-
" 2 "	+ 188	+ 188	+ 8	+ 100	- 3	-
" 3 "	+ 192	+ 192	+ 4	+ 22	- 8	-
" 4 "	+ 194	+ 194	- 2	+ 3	- 9	-
" 5 "	+ 197	+ 196	- 1	- 6	- 10	-
" 6 "	+ 198	+ 198	- 2	- 7	- 10	-

Auswertung der Versuchsserie 10

Auch in dieser Versuchsserie konnte kein einheitliches Bild von der Korrosionsbeständigkeit der geprüften Messersorte 10 erzielt werden. Unterschiede in der chemischen Zusammensetzung sowie in der Härte müssen als Ursache hierfür angesehen werden.

Versuchsserie 11

Messersorte 9a - Abbildung 8

Klinge Nr.	1	2	3	4	5	6
C %	0,41	0,37	0,41	0,42	0,41	-
Cr %	13,2	12,2	12,5	13,3	13,1	-
HRc (z.Sp.h.)	45,48,50	43,45,47	46,50,52	47,51,52	47,52,52	-
HCl-Zugabe (cm^3)	5	10	15	20	25	-
U(mV) 1 min	+ 174	+ 63	+ 65	+ 47	+ 63	-
" 2 "	+ 148	+ 17	+ 12	- 5	- 12	-
" 3 "	+ 103	+ 8	0	- 11	- 16	-
" 4 "	+ 82	+ 5	- 2	- 15	- 19	-
" 5 "	+ 67	+ 2	- 4	- 18	- 20	-
" 6 "	+ 56	0	- 6	- 19	- 20	-

Auswertung der Versuchsserie 11

Durch diese Versuchsserie sollte das Ergebnis der Versuchsserie 9 für Klingen der Sorte 9 überprüft werden.

Die ermittelten Potentiale streuen zwar nur wenig, anhand der chemischen sowie der Härteuntersuchung der Messerklingen ist jedoch festzustellen, daß die Qualität der Klingen hinsichtlich Legierung und Vergütung sehr unterschiedlich ist, so daß der einheitliche Kurvenverlauf als zufällig angesehen werden muß, da die Klingen mit erhöhtem C-Gehalt auch einen höheren Cr-Gehalt aufweisen. Aus den Härtewerten ist die ungenügende Vergütung der Klinge 2 zu erkennen. Die Vergütung der übrigen Klingen erfolgte ungleichmäßig.

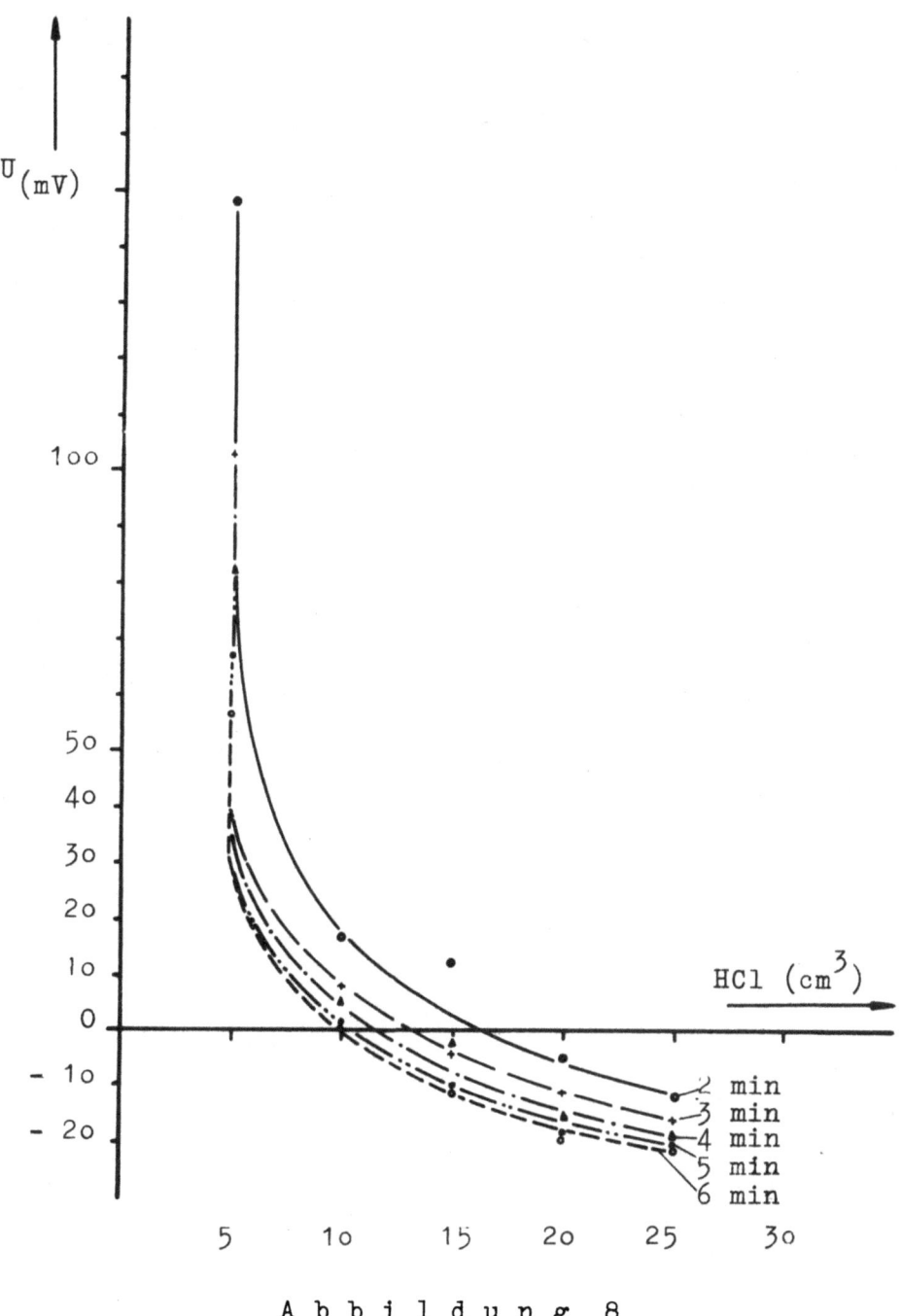

Abbildung 8

Versuchsserie 12

Messersorte 11 - Abbildung 9

Klinge Nr.	1	2	3	4	5	6
C %	o,41	o,41	o,41	o,41	-	-
Cr %	13,4	13,4	13,4	13,4	-	-
HRc (z.Sp.h.)	52,51,53	51,53,51	51,52,53	52,53,52	-	-
HCl-Zugabe (cm^3)	1o	15	2o	25	-	-
U(mV) 1 min	+ 181	+ 17o	+ 135	+ 123	-	-
" 2 "	+ 168	+ 162	+ 66	+ 32	-	-
" 3 "	+ 16o	+ 146	+ 8	- 7	-	-
" 4 "	+ 152	+ 118	- 2	- 8	-	-
" 5 "	+ 142	+ 86	- 3	- 9	-	-
" 6 "	+ 133	+ 5o	- 6	- 1o	-	-

Versuchsserie 13

Messersorte 12 - Abbildung -

Klinge Nr.	1	2	3	4	5	6
C %	o,51	o,51	o,55	o,51	o,51	-
Cr %	13,2	13,4	13,2	13,4	13,4	-
HRc (z.Sp.h.)	49,51,51	48,5o,5o	5o,51,52	5o,5o,51	49,51,5o	-
HCl-Zugabe (cm^3)	5	1o	15	2o	25	-
U(mV) 1 min	+ 15o	+ 17o	+ 3o	+ 25	0	-
" 2 "	+ 148	+ 162	- 2o	- 13	- 26	-
" 3 "	+ 138	+ 157	- 4o	- 18	- 29	-
" 4 "	+ 122	+ 148	- 46	- 22	- 31	-
" 5 "	+ 1o3	+ 13o	- 58	- 25	- 32	-
" 6 "	+ 94	+ 88	- 62	- 27	- 33	-

Forschungsberichte des Wirtschafts- und Verkehrsministeriums Nordrhein-Westfalen

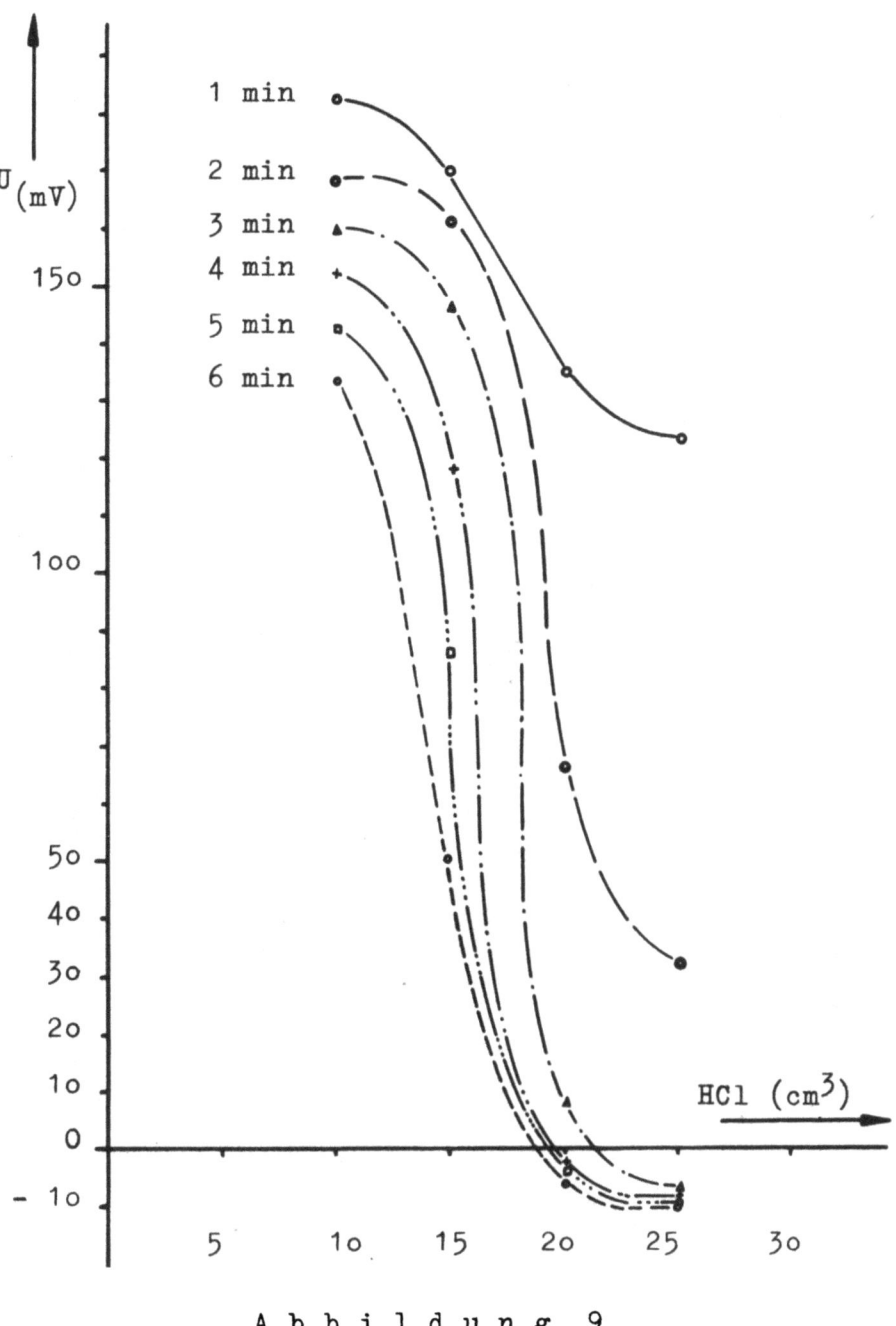

Abbildung 9

Auswertung der Versuchsserie 12

Die Korrosionsprüfung ergab, wie aus den Potentialwerten zu erkennen ist, eine starke Passivität der Messersorte 11. Wesentliche Streuungen der Potentiale treten nicht auf. Die Vergütung der Klingen scheint ausreichend.

Auswertung der Versuchsserie 13

Aus dem Ergebnis der chemischen Analyse sowie der Härteprüfung ist einmal die Verstärkung der Passivität durch Erhöhung des Cr-Gehaltes bei gleichem C-Gehalt der Legierung zu ersehen (Klingen 1, 2) und zum andern die Verminderung der Passivität durch höheren C-Gehalt bei gleichem Cr-Gehalt (Klingen 1, 3).

Versuchsserie 14

Messersorte 13 - Abbildung 10

Klinge Nr.	1	2	3	4	5	6
C %	0,40	0,40	0,40	-	-	-
Cr %	12,9	13,0	12,9	-	-	-
HRc (z.Sp.h.)	51,51,49	50,51,50	50,51,51	-	-	-
HCl-Zugabe (cm^3)	15	20	25	-	-	-
U(mV) 1 min	+ 153	+ 135	+ 75	-	-	-
" 2 "	+ 55	+ 25	- 10	-	-	-
" 3 "	+ 28	0	- 10	-	-	-
" 4 "	+ 18	- 1	- 11	-	-	-
" 5 "	+ 13	- 1	- 12	-	-	-
" 6 "	+ 12	- 1	- 12	-	-	-

Auswertung der Versuchsserie 14

Zur Prüfung der Messersorte 13 standen nur 3 Klingen zur Verfügung. Ihre Korrosionsbeständigkeit liegt im mittleren Bereich.

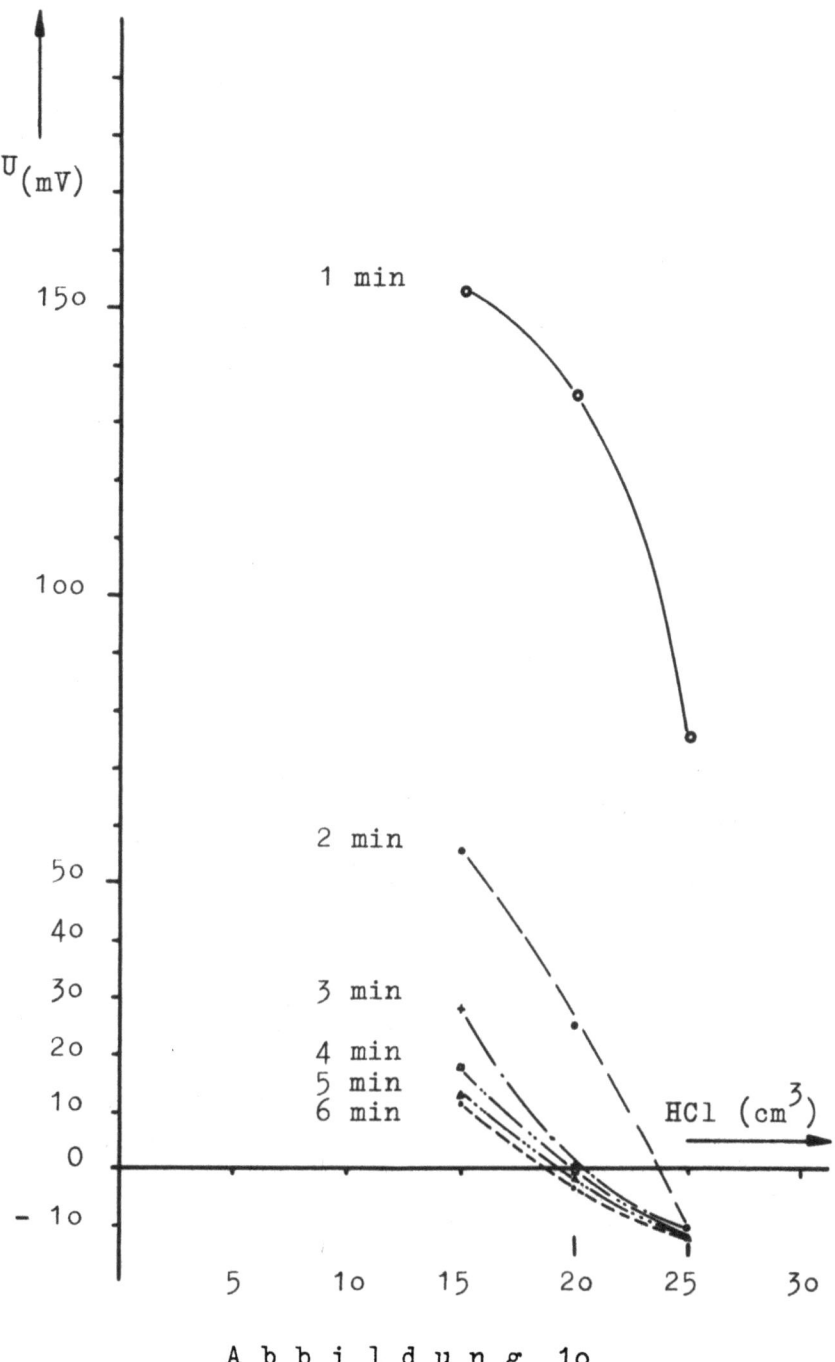

Abbildung 1o

Versuchsserie 15

Messersorte 14 - Abbildung 11

Klinge Nr.	1	2	3	4	5	6
C %	0,39	0,41	0,39	-	-	-
Cr %	12,9	13,3	12,8	-	-	-
HRc (z.Sp.h.)	50,51,49	52,52,48	47,48,48	-	-	-
HCl-Zugabe (cm^3)	10	15	20	-	-	-
U(mV) 1 min	+ 165	+ 159	+ 22	-	-	-
" 2 "	+ 155	+ 157	- 12	-	-	-
" 3 "	+ 138	+ 137	- 18	-	-	-
" 4 "	+ 112	+ 110	- 20	-	-	-
" 5 "	+ 85	+ 63	- 21	-	-	-
" 6 "	+ 64	+ 13	- 22	-	-	-

Auswertung der Versuchsserie 15

Mit den 3 verfügbaren Klingen konnte kein klares Bild über das Korrosionsverhalten der Sorte 14 erzielt werden, da Härte- und Legierungswerte größere Unterschiede aufweisen.

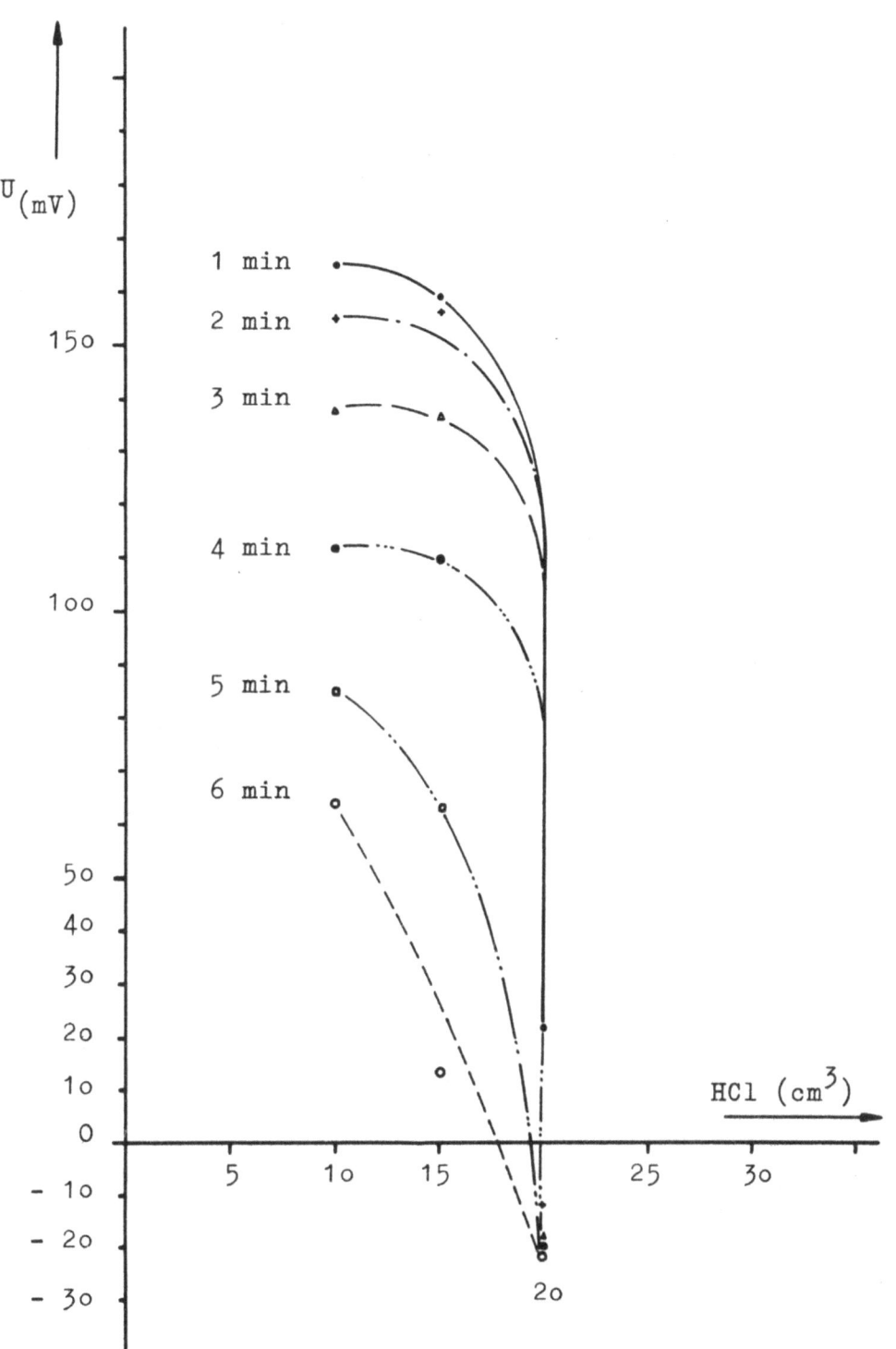

Abbildung 11

Forschungsberichte des Wirtschafts- und Verkehrsministeriums Nordrhein-Westfalen

Versuchsserie 16

Messersorte 15 - Abbildung 12

Klinge Nr.	1	2	3	4	5	6
C %	0,44	0,44	0,42	0,44	0,43	-
Cr %	14,2	14,2	14,1	14,2	12,9	-
HRc (z.Sp.h.)	50,52,51	49,52,51	50,51,51	49,51,51	47,50,49	-
HCl-Zugabe (cm^3)	5	10	15	20	10	-
U(mV) 1 min	+ 170	+ 158	+ 135	+ 3	+ 133	-
" 2 "	+ 140	+ 109	+ 37	- 2	+ 47	-
" 3 "	+ 102	+ 63	+ 8	- 7	+ 26	-
" 4 "	+ 89	+ 42	- 1	- 9	+ 19	-
" 5 "	+ 82	+ 30	- 3	- 11	+ 14	-
" 6 "	+ 78	+ 23	- 5	- 13	+ 11	-

Auswertung der Versuchsserie 16

Die Korrosionsbeständigkeit der Messersorte 15 liegt unter dem Durchschnitt der bisher geprüften Messersorten. Die Begründung wird in dem verhältnismäßig hohen C-Gehalt der Legierung in Gegenüberstellung zum Cr-Gehalt liegen. Aus der Wiederholung der Meßreihe 10 ist Abnahme der Passivität durch Verringerung des Cr-Gehaltes (Klingen 2, 5) und schlechte Vergütung zu erkennen.

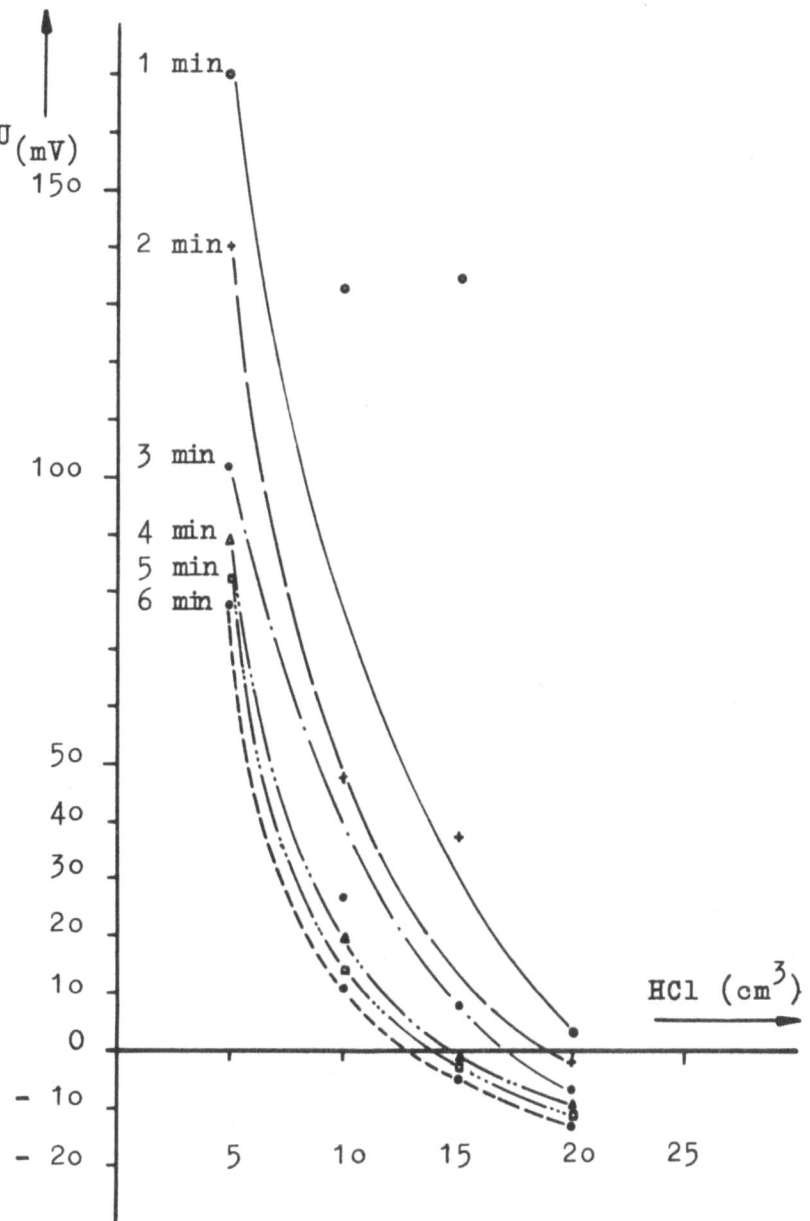

Abbildung 12

Versuchsserie 17

Messersorte 16 - Abbildung 13

Klinge Nr.	1	2	3	4	5	6
C %	0,39	0,39	0,39	0,39	-	-
Cr %	12,4	12,4	12,4	12,4	-	-
HRc (z.Sp.h.)	50,50,50	50,51,50	51,50,50	48,50,50	-	-
HCl-Zugabe (cm^3)	10	15	20	25	-	-
U(mV) 1 min	+ 170	+ 145	+ 15	- 16	-	-
" 2 "	+ 132	+ 62	- 4	- 19	-	-
" 3 "	+ 114	+ 36	- 9	- 20	-	-
" 4 "	+ 98	+ 20	- 11	- 21	-	-
" 5 "	+ 85	+ 14	- 13	- 22	-	-
" 6 "	+ 72	+ 10	- 14	- 24	-	-

Auswertung der Versuchsserie 17

Die geprüfte Messersorte 16 weist eine mittlere Beständigkeit auf, die auf Grund des relativ geringen Cr-Gehaltes der Legierung nur durch eine ausreichende Vergütung erzielt werden konnte.

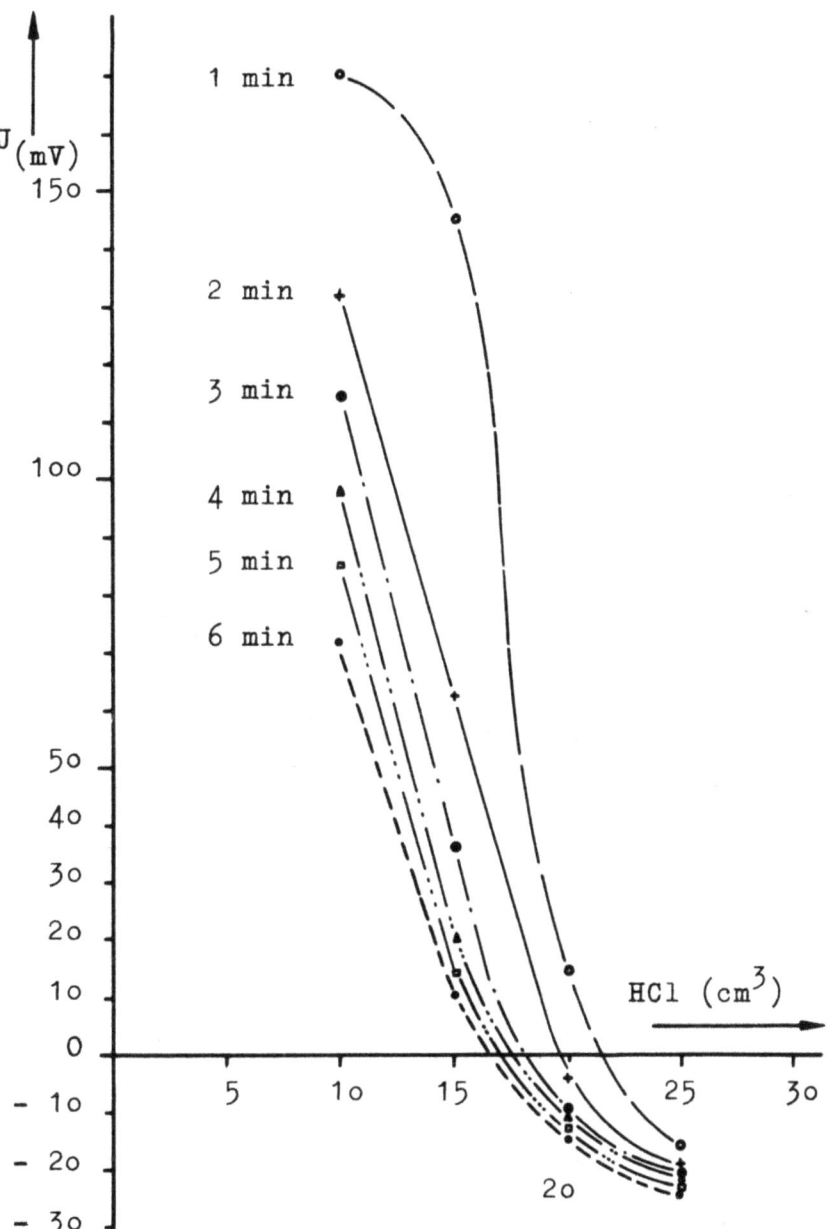

Abbildung 13

Versuchsserie 18

Messersorte 17 - Abbildung 14

Klinge Nr.	1	2	3	4	5	6
C %	0,39	0,39	0,39	0,40	0,39	0,39
Cr %	12,6	12,5	12,5	12,9	12,6	12,6
HRc (z.Sp.h.)	48,51,52	49,51,50	45,52,50	51,51,50	47,50,51	49,50,50
HCl-Zugabe (cm^3)	5	10	15	20	20	25
U(mV) 2 min	+ 177	+ 170	+ 145	+ 178	+ 9	− 3
" 3 "	+ 176	+ 162	+ 105	+ 157	0	− 12
" 4 "	+ 175	+ 155	+ 55	+ 143	− 5	− 13
" 5 "	+ 174	+ 140	+ 30	+ 133	− 8	− 13
" 6 "	+ 173	+ 127	+ 20	+ 118	− 8	− 14
" 7 "	+ 172	+ 115	+ 16	+ 97	− 8	− 15

Auswertung der Versuchsserie 18

Von der mittleren Beständigkeit der geprüften Messersorte 17 weicht die Klinge 4 positiv ab. Die entsprechende Meßreihe 20 wurde daher mit der Klinge 5 wiederholt, die legierungsmäßig eher an die übrigen Klingen der Sorte heranreicht. Das Meßergebnis der Klinge 4 zeigt deutlich eine Verbesserung der Korrosionsbeständigkeit durch Erhöhung des Cr-Gehaltes bei gleichem C-Gehalt sowie durch gleichmäßige Vergütung.

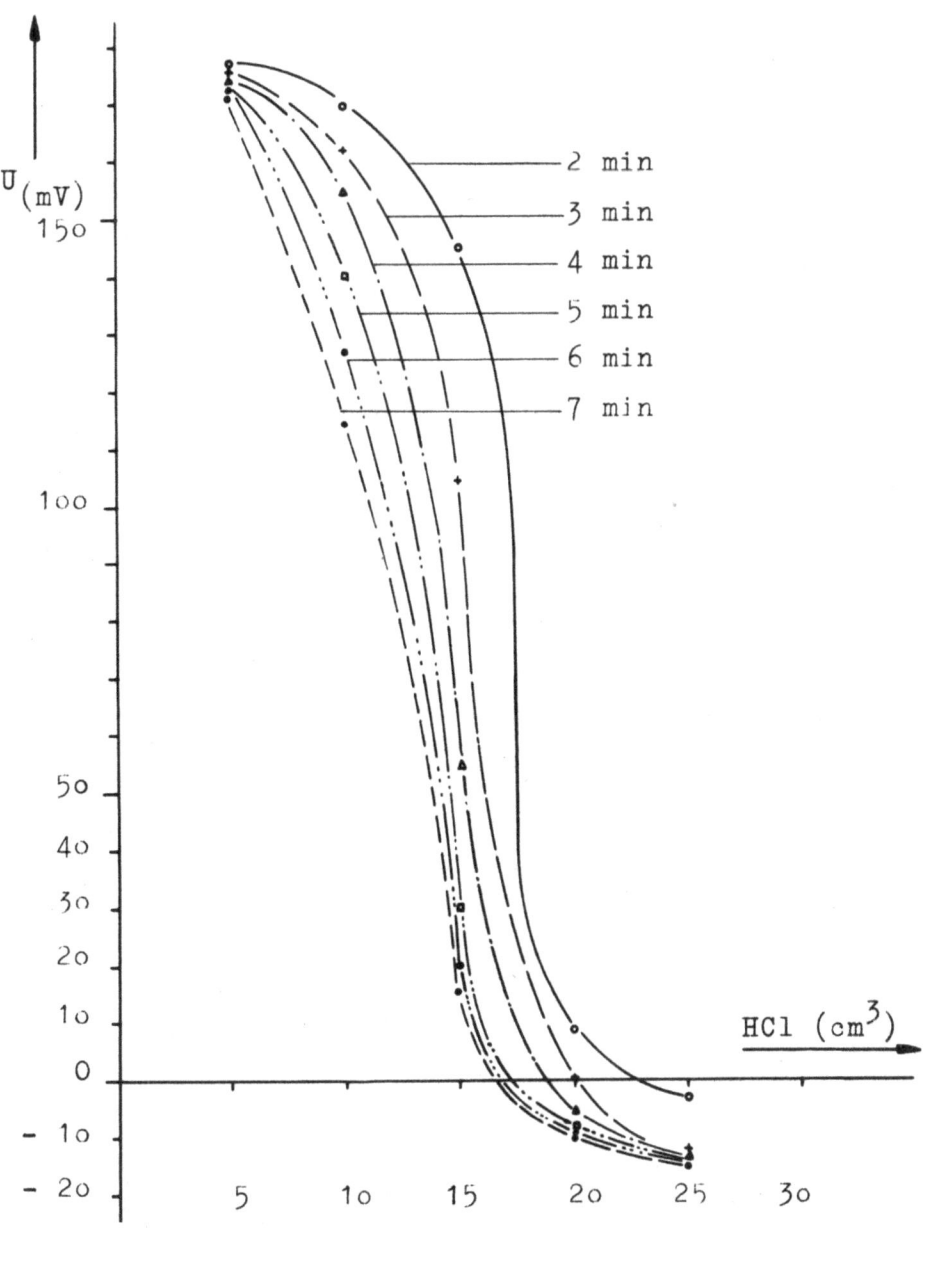

Abbildung 14

Versuchsserie 19

Messersorte 18 - Abbildung 15

Klinge Nr.	1	2	3	4	5	6
C %	0,37	0,37	0,38	0,38	0,38	0,37
Cr %	12,7	12,7	12,8	12,8	12,7	12,7
HRc (z.Sp.h.)	52,53,53	55,52,53	53,52,52	51,52,51	51,54,55	53,54,52
HCl-Zugabe (cm^3)	5	10	15	20	25	30
U(mV) 2 min	+ 182	+ 150	+ 130	+ 84	- 12	- 17
" 3 "	+ 164	+ 120	+ 90	+ 17	- 16	- 18
" 4 "	+ 130	+ 90	+ 60	0	- 17	- 18
" 5 "	+ 92	+ 70	+ 40	- 2	- 17	- 18
" 6 "	+ 73	+ 60	+ 24	- 3	- 18	- 18
" - "	-	-	-	-	-	-

Auswertung der Versuchsserie 19

Charakteristisch für diese Messersorte ist der schwache Abfall der Potentialkurven bei geringer Säurekonzentration des Elektrolyten. - Wie spätere Untersuchungen zeigen werden, können aus der Form der Potentialkurven Schlüsse auf die Stahlart der Klingen gezogen werden. - Bemerkenswert ist die trotz des niedrigen C-Gehaltes der Legierung erzielte hohe Härte der Klingen. Geringe Unterschiede in der Legierung sowie der Vergütung des Messerstahles gleichen sich aus und kommen daher im Ergebnis der Potentialmessung nicht zum Ausdruck.

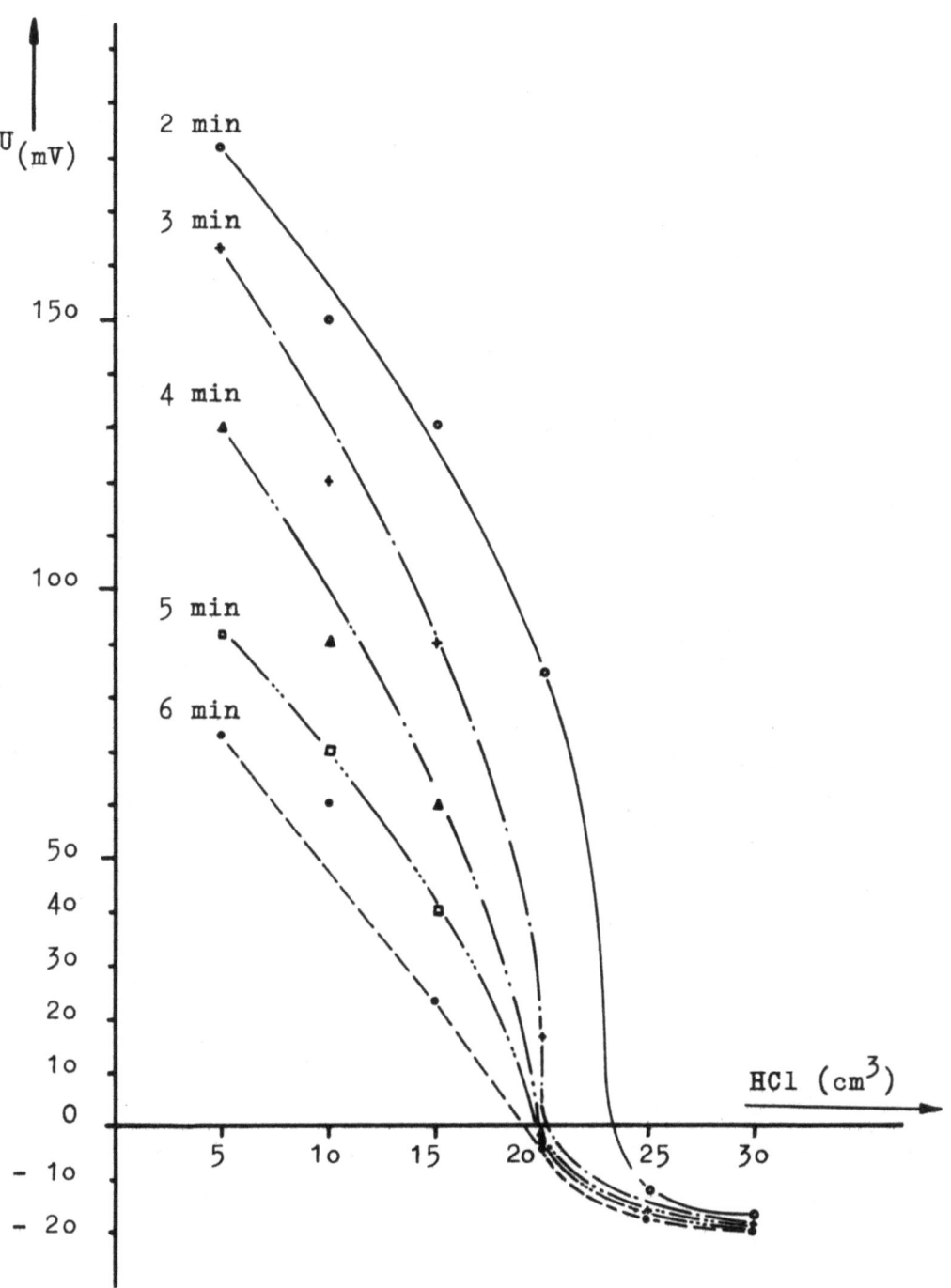

A b b i l d u n g 15

Forschungsberichte des Wirtschafts- und Verkehrsministeriums Nordrhein-Westfalen

<u>V e r s u c h s s e r i e 2o</u>

<u>Messersorte 19 - Abbildung 16</u>

Klinge Nr.	1	2	3	4	5	6
C %	o,37	o,37	o,37	o,37	o,37	o,37
Cr %	12,2	12,4	12,2	12,2	12,2	12,3
HRc (z.Sp.h.)	43,44,43	44,43,41	44,42,44	46,48,45	43,43,42	44,43,43
HCl-Zugabe (cm^3)	5	1o	15	2o	1o	15
U(mV) 1 min	+ 2oo	- 1o	- 15	- 24	- 17	+ 5o
" 2 "	+ 172	- 37	- 35	- 32	- 45	- 5
" 3 "	+ 1o8	- 43	- 38	- 38	- 52	- 2o
" 4 "	+ 58	- 48	- 42	- 4o	- 57	- 28
" 5 "	+ 37	- 52	- 44	- 43	- 59	- 33
" 6 "	+ 22	- 54	- 45	- 47	- 62	- 35

<u>Auswertung der Versuchsserie 2o</u>

Die Korrosionsbeständigkeit der geprüften Messersorte 19 ist äußerst gering, wie aus dem Potentialverlauf der Klingen ersichtlich ist. Als Begründung hierfür ist einmal die völlig unzureichende Vergütung der Klingen, die schon aus den niedrigen Härtewerten hervorgeht, abzusehen und zum anderen liegt der Cr-Gehalt des Stahles zu niedrig im Vergleich zum C-Gehalt. Durch eine ausreichende Vergütung müßte jedoch die Passivität der Messersorte 19 trotz des geringen Cr-Gehaltes wesentlich gesteigert werden können (vergl. Versuchsserie 1o).

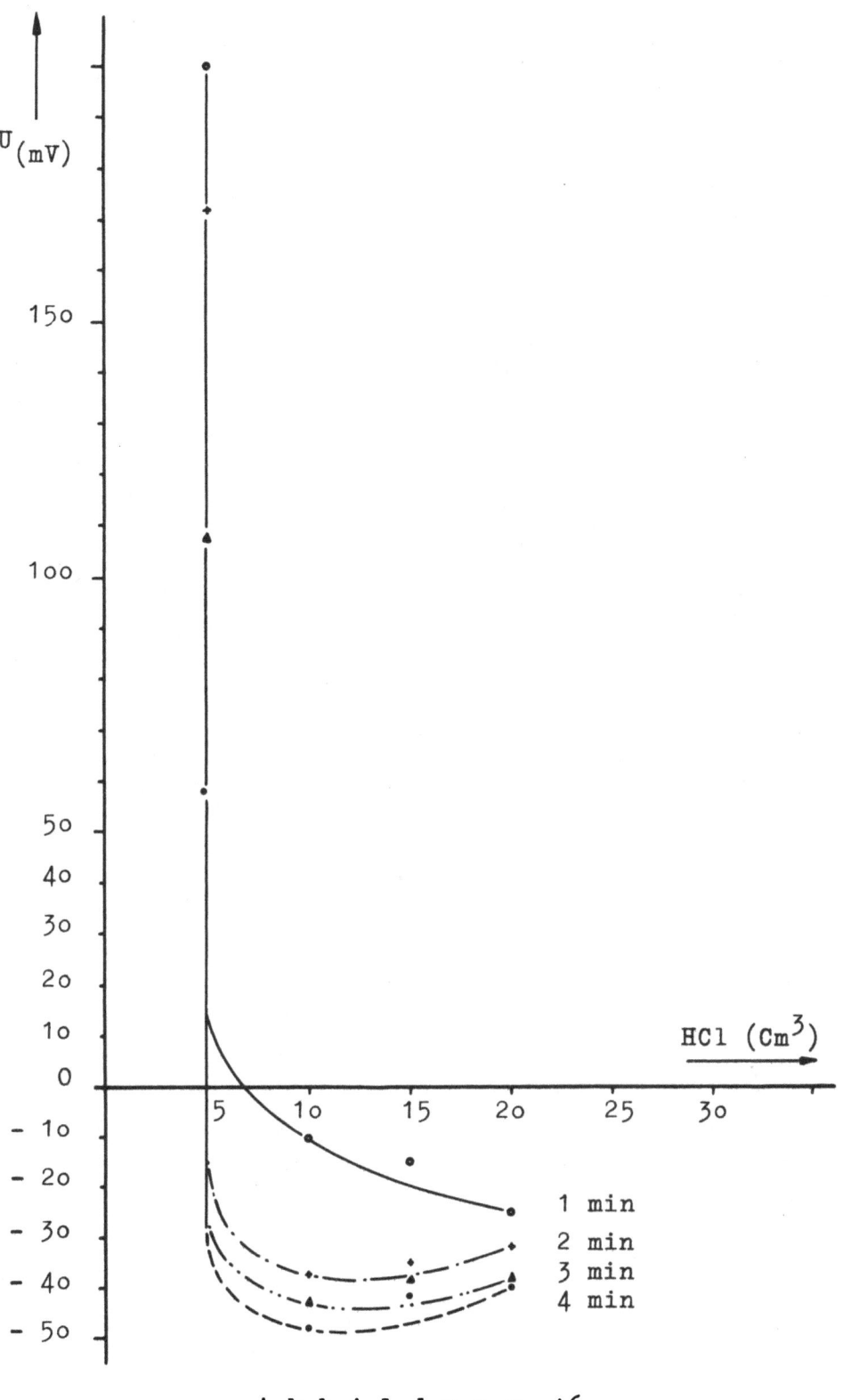

Abbildung 16

Versuchsserie 21

Messersorte 2o - Abbildung 17

Klinge Nr.	1	2	3	4	5	6
C %	o,45	o,45	o,46	o,43	o,42	o,42
Cr %	12,2	12,2	12,2	13,3	12,3	12,4
HRc (z.Sp.h.)	46,5o,5o	45,52,45	46,5o,51	44,47,5o	44,5o,52	52,51,48
HCl-Zugabe (cm^3)	5	1o	15	2o	25	3o
U(mV) 1 min	+ 3o	+ 1o	- 15	+ 2o	- 2o	- 34
" 2 "	- 5	- 12	- 24	- 8	- 26	- 29
" 3 "	- 8	- 13	- 25	- 12	- 28	- 26
" 4 "	- 11	- 13	- 25	- 14	- 35	- 24
" 5 "	- 12	- 13	- 25	- 16	- 3o	- 24
" 6 "	- 13	- 13	- 25	- 17	- 27	- 24

Auswertung der Versuchsserie 21

Ursache der geringen Beständigkeit der geprüften Messersorte 2o ist sowohl der niedrige Cr-Gehalt der Klingen als auch die sehr ungleichmäßige Vergütung. Gegenüber dem relativ hohen C-Gehalt (o,42 - o,46 %) ist der Cr-Gehalt des Stahles der Klingen 1, 2, 3, 5 und 6 zu niedrig, wie das Ergebnis der Klinge 4, Meßreihe 2o, zeigt. Die Beständigkeit dieser Klinge müßte sich jedoch durch eine gleichmäßige Vergütung noch steigern lassen.

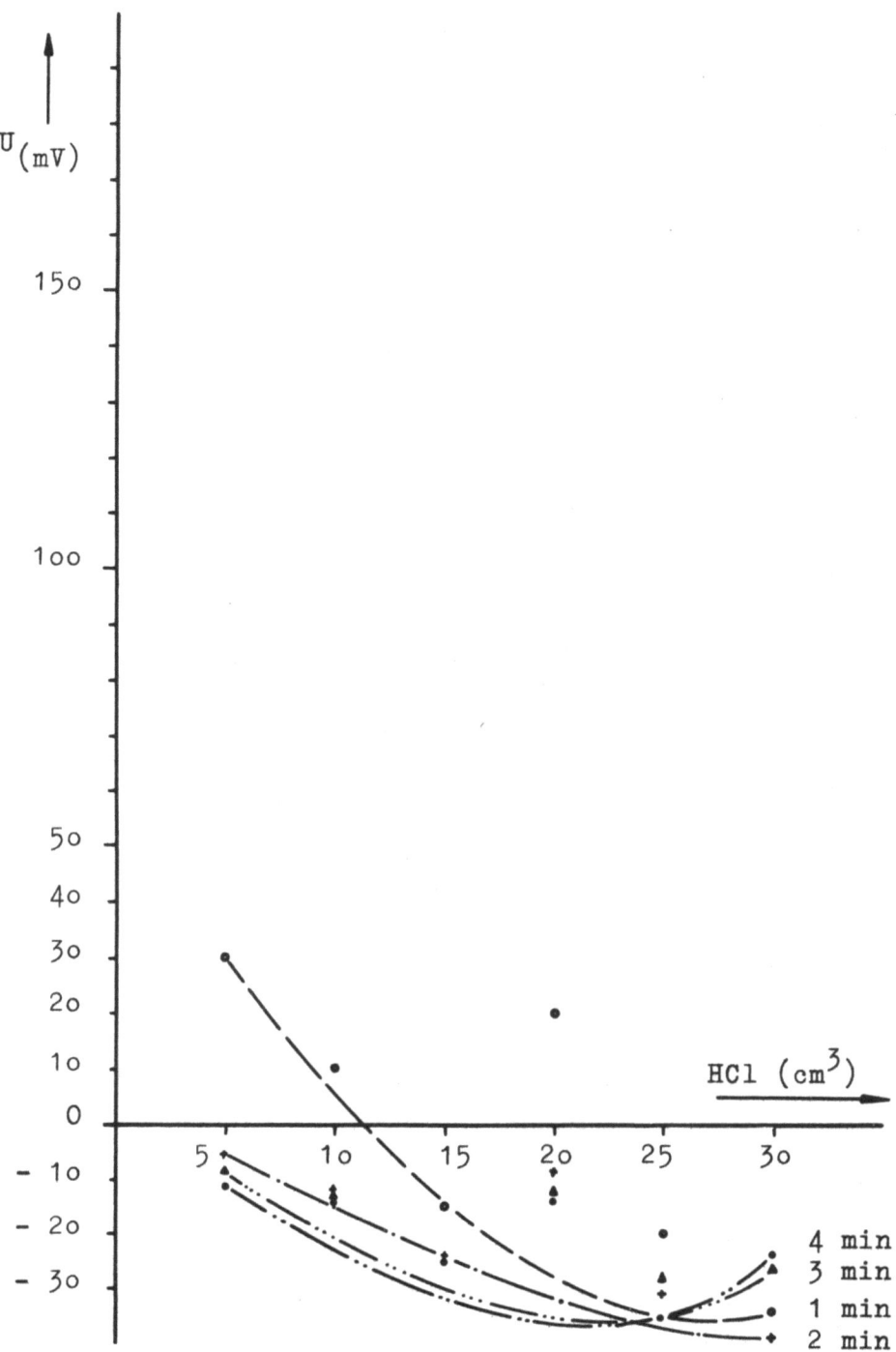

Abbildung 17

Versuchsserie 22

Messersorte 21 - Abbildung 18

Klinge Nr.	1	2	3	4	5	6
C %	0,88	0,87	0,88	0,90	0,88	0,87
Cr %	16,4	16,3	16,4	16,7	16,4	16,4
HRc (z.Sp.h.)	46,48,50	48,49,51	43,41,52	51,53,54	47,44,51	43,45,52
HCl-Zugabe (cm^3)	5	10	15	20	25	30
U(mV) 1 min	+ 248	+ 243	+ 213	+ 177	+ 162	+ 155
" 2 "	+ 240	+ 238	+ 205	+ 178	+ 143	+ 136
" 3 "	+ 230	+ 230	+ 198	+ 165	+ 108	+ 90
" 4 "	+ 227	+ 223	+ 192	+ 158	+ 58	+ 42
" 5 "	+ 222	+ 218	+ 185	+ 150	+ 37	+ 25
" 6 "	+ 217	+ 208	+ 178	+ 142	+ 24	+ 20

Auswertung der Versuchsserie 22

Eine außerordentlich hohe Passivität ergab die Prüfung der Messersorte 21, die, wie aus dem Ergebnis der Klinge 4 zu erkennen ist, durch bessere Vergütung weiter verstärkt werden kann.

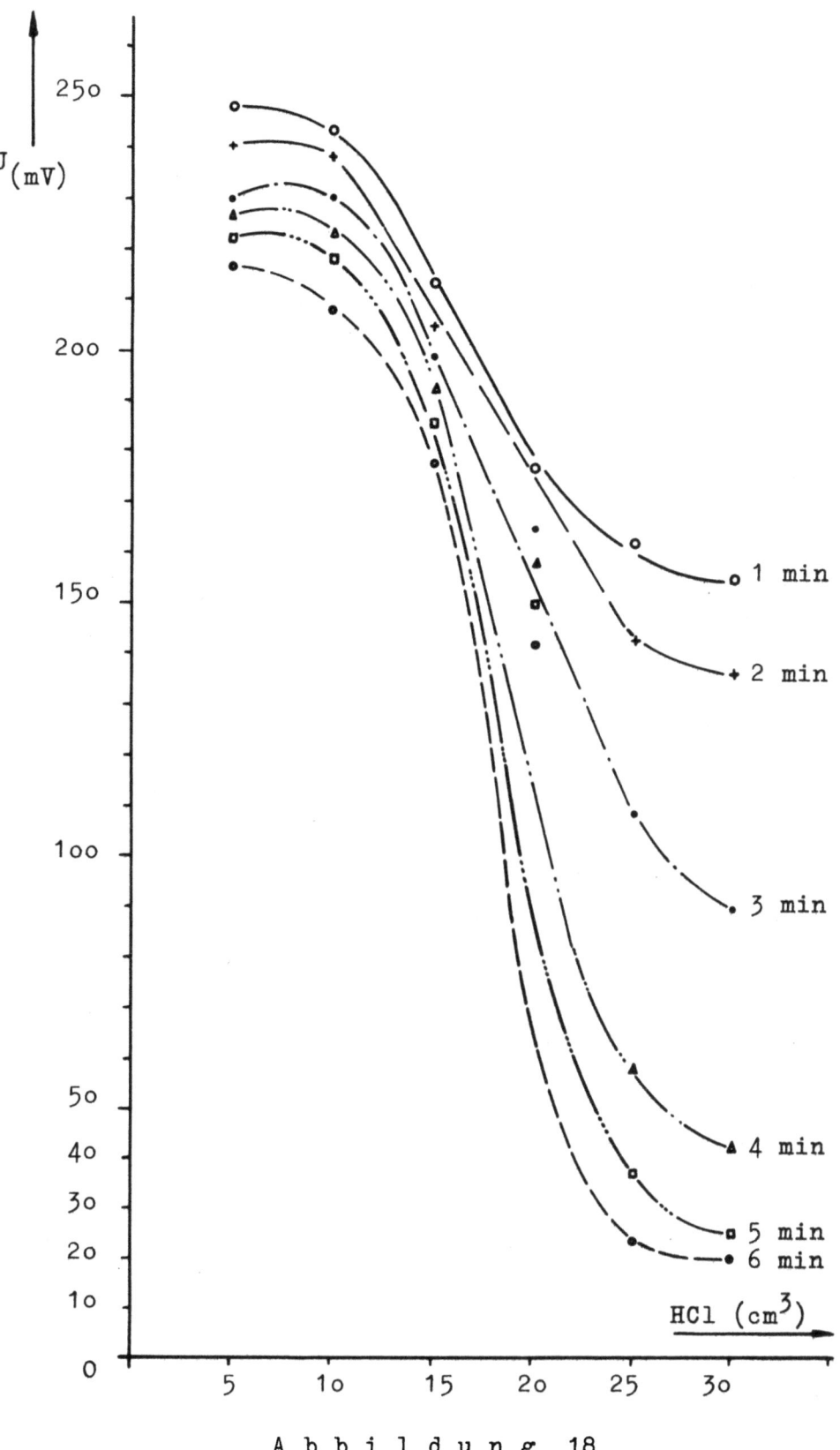

Abbildung 18

Versuchsserie 23

Messersorte 22 - Abbildung 19

Klinge Nr.	1	2	3	4	5	6
C %	0,46	0,46	0,40	0,44	0,46	0,44
Cr %	12,7	12,7	13,7	12,9	12,7	12,9
HRc (z.Sp.h.)	51,50,51	50,51,52	51,51,50	49,50,50	51,52,50	51,52,52
HCl-Zugabe (cm^3)	5	10	15	20	25	30
U(mV) 1 min	+ 160	+ 36	+ 50	- 22	- 38	- 34
" 2 "	+ 48	- 17	- 14	- 47	- 52	- 58
" 3 "	+ 22	- 30	- 26	- 56	- 57	- 62
" 4 "	+ 3	- 37	- 35	- 58	- 62	- 64
" 5 "	- 2	- 40	- 37	- 62	- 64	- 66
" 6 "	- 10	- 43	- 40	- 63	- 65	- 68

Auswertung der Versuchsserie 23

Die geringe Korrosionsbeständigkeit der Messersorte 22 ist bedingt durch den niedrigen Cr-Gehalt bei relativ hohem C-Gehalt des Klingenstahles. Auf Grund der günstigeren Legierungswerte ist die Passivität der Klingen 3 bedeutend größer als die der übrigen 5 Klingen. Wesentliche Mängel in der Vergütung waren nicht festzustellen.

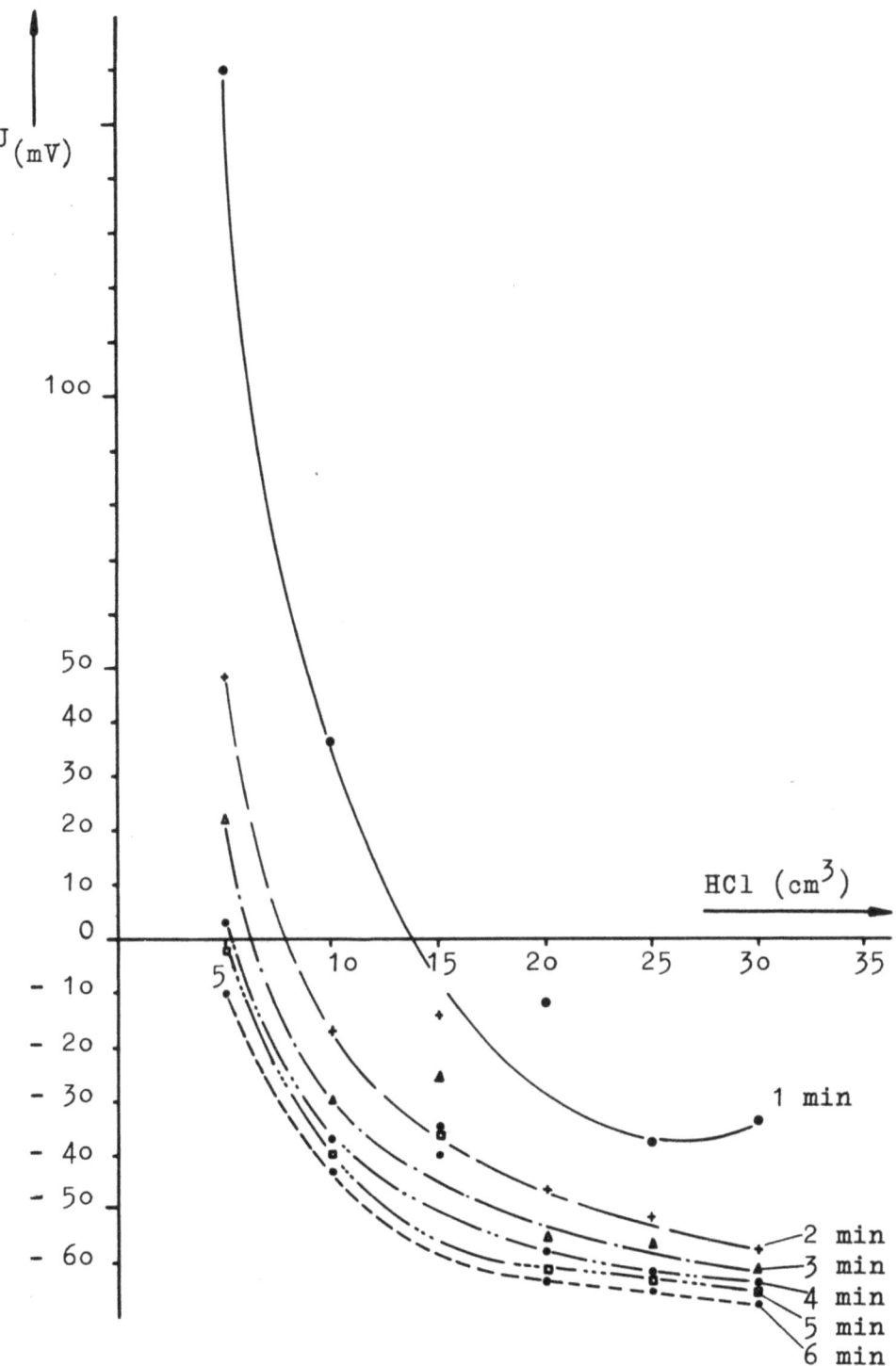

Abbildung 19

Versuchsserie 24

Messersorte 23 - Abbildung 20

Klinge Nr.	1	2	3	4	5	6
C %	0,42	0,42	0,42	0,42	0,42	0,42
Cr %	13,6	13,6	13,6	13,6	13,6	13,6
HRc (z.Sp.h.)	49,50,51	50,51,50	49,51,50	50,52,49	50,51,50	50,51,52
HCl-Zugabe (cm^3)	5	10	15	20	25	30
U(mV) 1 min	+ 190	+ 180	+ 165	+ 130	+ 126	+ 78
" 2 "	+ 190	+ 175	+ 157	+ 72	+ 12	- 18
" 3 "	+ 183	+ 170	+ 137	- 2	- 14	- 20
" 4 "	+ 178	+ 164	+ 110	- 14	- 18	- 22
" 5 "	+ 175	+ 162	+ 63	- 16	- 20	- 22
" 6 "	+ 170	+ 160	+ 15	- 18	- 22	- 22

Auswertung der Versuchsserie 24

Die Messersorte 23 hat, wie aus den Meßergebnissen zu ersehen ist, eine mittlere Beständigkeit. Streuungen der Potentiale treten nur zur 1. Tauchminute auf. Die Vergütung der Klingen erfolgte ungleichmäßig.

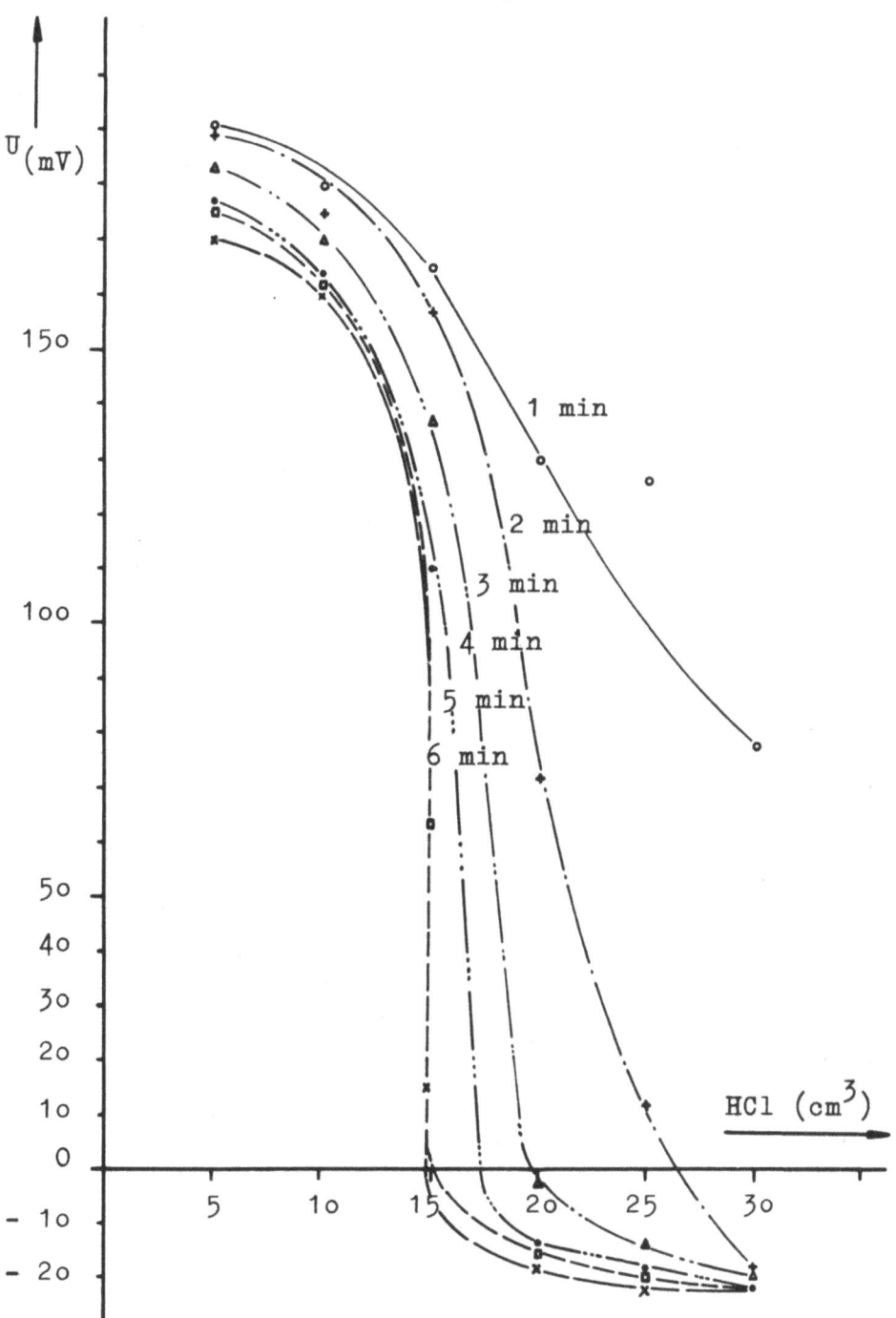

Abbildung 20

Versuchsserie 25

Messersorte 24 - Abbildung 21

Klinge Nr.	1	2	3	4	5	6
C %	0,39	0,39	0,39	0,38	0,39	0,38
Cr %	13,0	12,9	12,9	13,1	12,9	13,0
HRc (z.Sp.h.)	49,50,50	50,51,51	48,51,51	50,51,50	49,51,50	50,51,50
HCl-Zugabe (cm³)	5	10	15	20	25	25
U(mV) 1 min	+ 190	+ 130	+ 38	+ 3	- 10	- 22
" 2 "	+ 187	+ 15	- 2	- 22	- 26	- 25
" 3 "	+ 181	0	- 10	- 27	- 26	- 26
" 4 "	+ 176	- 5	- 14	- 29	- 26	- 26
" 5 "	+ 163	- 8	- 15	- 31	- 28	- 28
" 6 "	+ 138	- 11	- 16	- 32	- 29	- 28

Auswertung der Versuchsserie 25

Die Korrosionsbeständigkeit der 6 Klingen - Messersorte 24 - liegt unter dem Durchschnitt der bisher geprüften Sorten. Maßgebend hierfür dürfte zum Teil der relativ geringe Cr-Gehalt im Vergleich zum C-Gehalt sein. Die Vergütung der Klingen war noch ausreichend.

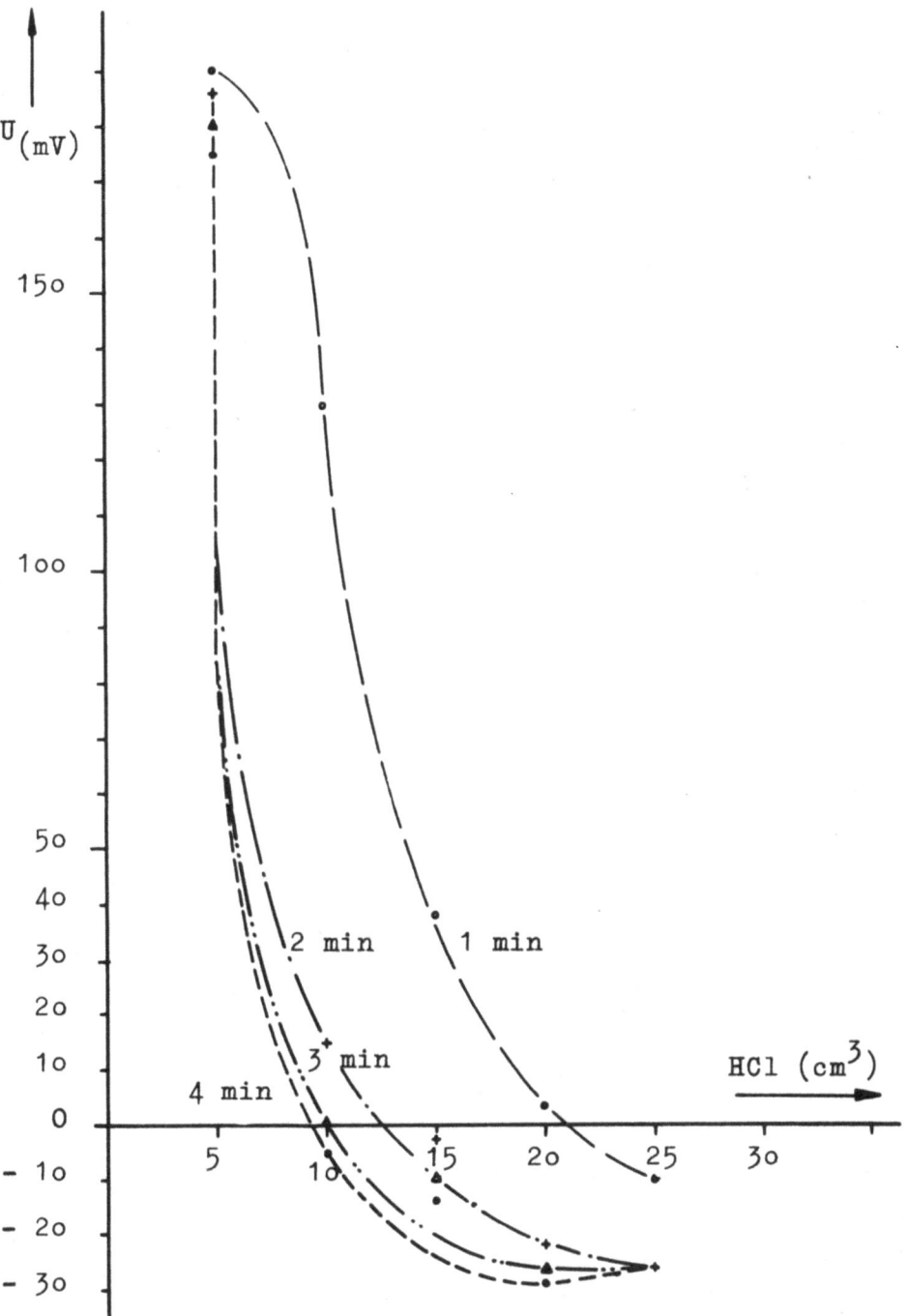

A b b i l d u n g 21

Forschungsberichte des Wirtschafts- und Verkehrsministeriums Nordrhein-Westfalen

Versuchsserie 26

Messersorte 25 - Abbildung 22

Klinge Nr.	1	2	3	4	5	6
C %	0,50	0,50	0,52	0,50	0,52	0,52
Cr %	15,4	15,4	15,3	15,4	15,3	15,3
HRc (z.Sp.h.)	51,52,52	52,53,53	51,50,47	51,53,51	52,54,49	50,49,48
HCl-Zugabe (cm^3)	5	10	15	20	25	15
U(mV) 1 min	+ 225	+ 203	+ 192	+ 176	+ 50	+ 160
" 2 "	+ 222	+ 205	+ 90	+ 163	− 22	+ 12
" 3 "	+ 220	+ 205	+ 5	+ 40	− 38	− 23
" 4 "	+ 218	+ 207	− 18	− 1	− 43	− 36
" 5 "	+ 218	+ 210	− 27	− 22	− 46	− 40
" 6 "	+ 223	+ 213	− 35	− 32	− 48	− 42

Auswertung der Versuchsserie 26

Eine über dem Durchschnitt liegende Passivität ergab die Prüfung der Messersorte 25. Die auftretenden Streuungen werden zum Teil auf den steilen Abfall der Potentialkurven zurückzuführen sein, da sich hierdurch schon geringe Ungenauigkeiten in der Zeitmessung auf das Prüfungsergebnis der Potentialmessung auswirken. Die ermittelte Passivität kann durch gleichmäßige Vergütung der Klingen gesteigert werden.

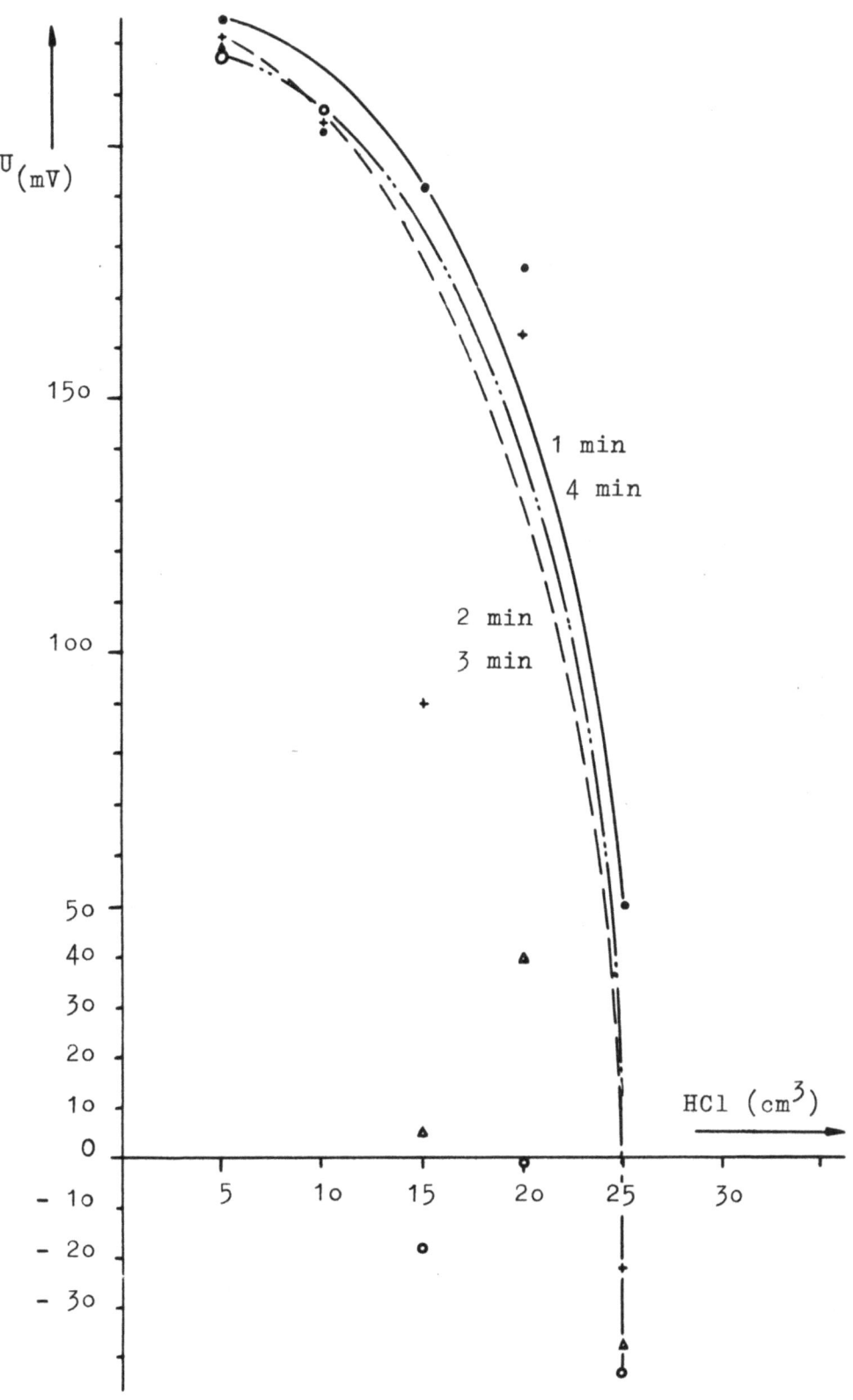

Abbildung 22

Versuchsserie 27

Messersorte 26 - Abbildung 23

Klinge Nr.	1	2	3	4	5	6
C %	0,53	0,53	0,53	0,53	0,53	0,52
Cr %	15,3	15,3	15,4	15,4	15,3	15,5
HRc (z.Sp.h.)	51,50,51	53,55,53	50,50,49	51,52,52	49,50,50	52,52,51
HCl-Zugabe (cm^3)	5	10	15	20	25	30
U(mV) 1 min	+ 180	+ 90	+ 170	+ 30	- 3	+ 85
" 2 "	+ 183	+ 30	+ 42	- 23	- 50	- 5
" 3 "	+ 182	+ 16	- 13	- 41	- 59	- 22
" 4 "	+ 182	+ 1	- 36	- 43	- 60	- 25
" 5 "	+ 180	- 4	- 43	- 45	- 61	- 27
" 6 "	+ 180	- 11	- 48	- 48	- 62	- 29

Auswertung der Versuchsserie 27

Aus dem Prüfungsergebnis für die Messersorte 26, deren Beständigkeit nur gering ist, geht der Einfluß der Legierung sowie einer unzureichenden Vergütung auf die Passivität der Klingen hervor.

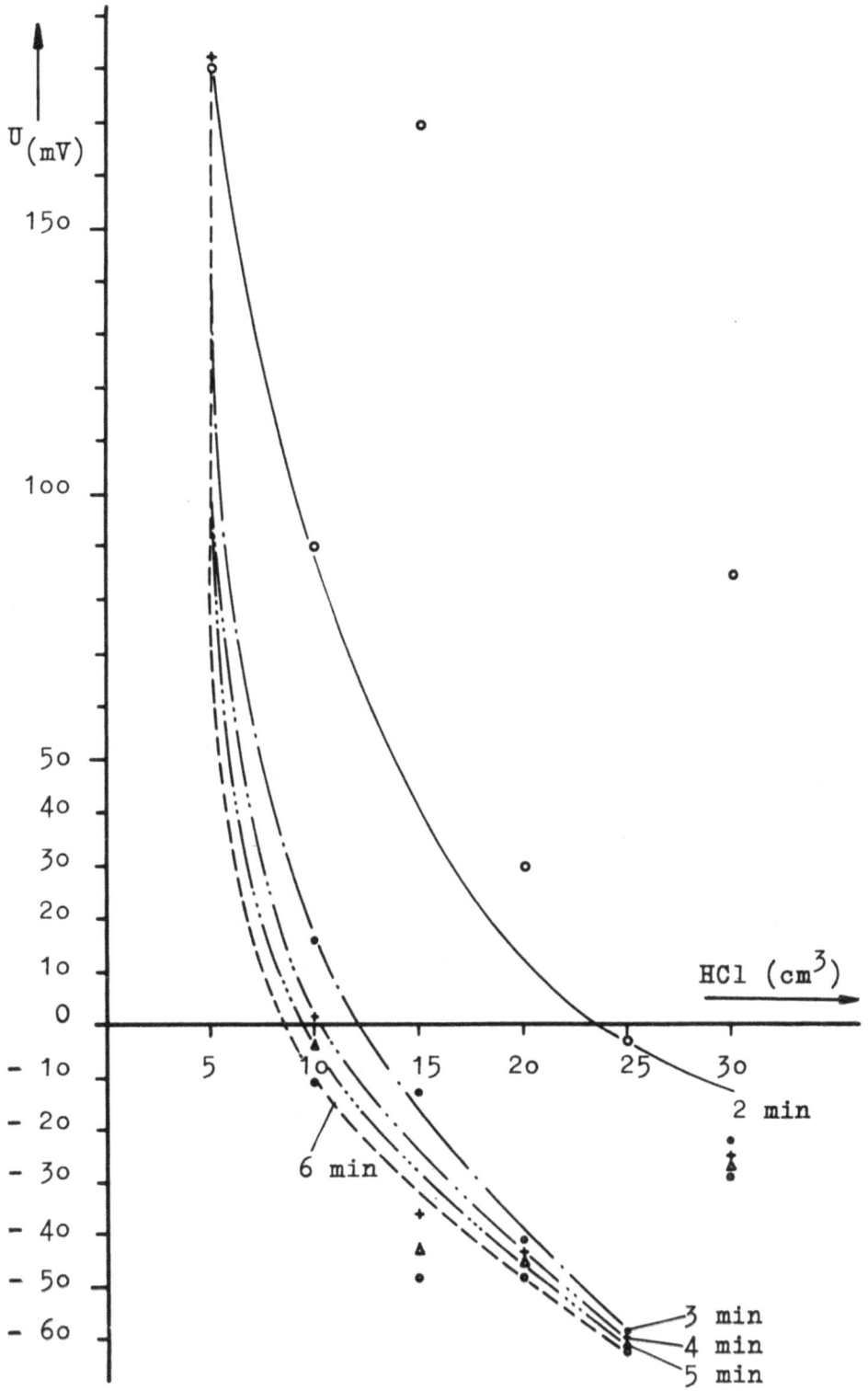

Abbildung 23

Versuchsserie 28

Messersorte 27 - Abbildung 24

Klinge Nr.	1	2	3	4	5	6
C %	0,56	0,56	0,53	0,55	0,56	0,56
Cr %	15,6	15,6	15,4	15,6	15,6	15,5
HRc (z.Sp.h.)	51,51,51	50,51,52	46,50,49	50,51,51	51,51,51	51,52,52
HCl-Zugabe (cm^3)	5	10	15	20	25	30
U(mV) 1 min	+ 206	+ 195	+ 170	+ 170	+ 90	+ 28
" 2 "	+ 218	+ 202	+ 112	+ 95	- 18	- 37
" 3 "	+ 222	+ 202	+ 14	+ 3	- 37	- 40
" 4 "	+ 226	+ 203	- 18	- 20	- 40	- 41
" 5 "	+ 230	+ 207	- 37	- 33	- 40	- 41
" 6 "	+ 234	+ 211	- 43	- 38	- 41	- 40

Auswertung der Versuchsserie 28

Die Korrosionsbeständigkeit der geprüften Messersorte 27 liegt im mittleren Bereich. Eine nicht ausreichende Vergütung begründet das schlechte Korrosionsverhalten der Klinge 3, die sich auch legierungsmäßig von den übrigen 5 Klingen der gleichen Sorte unterscheidet.

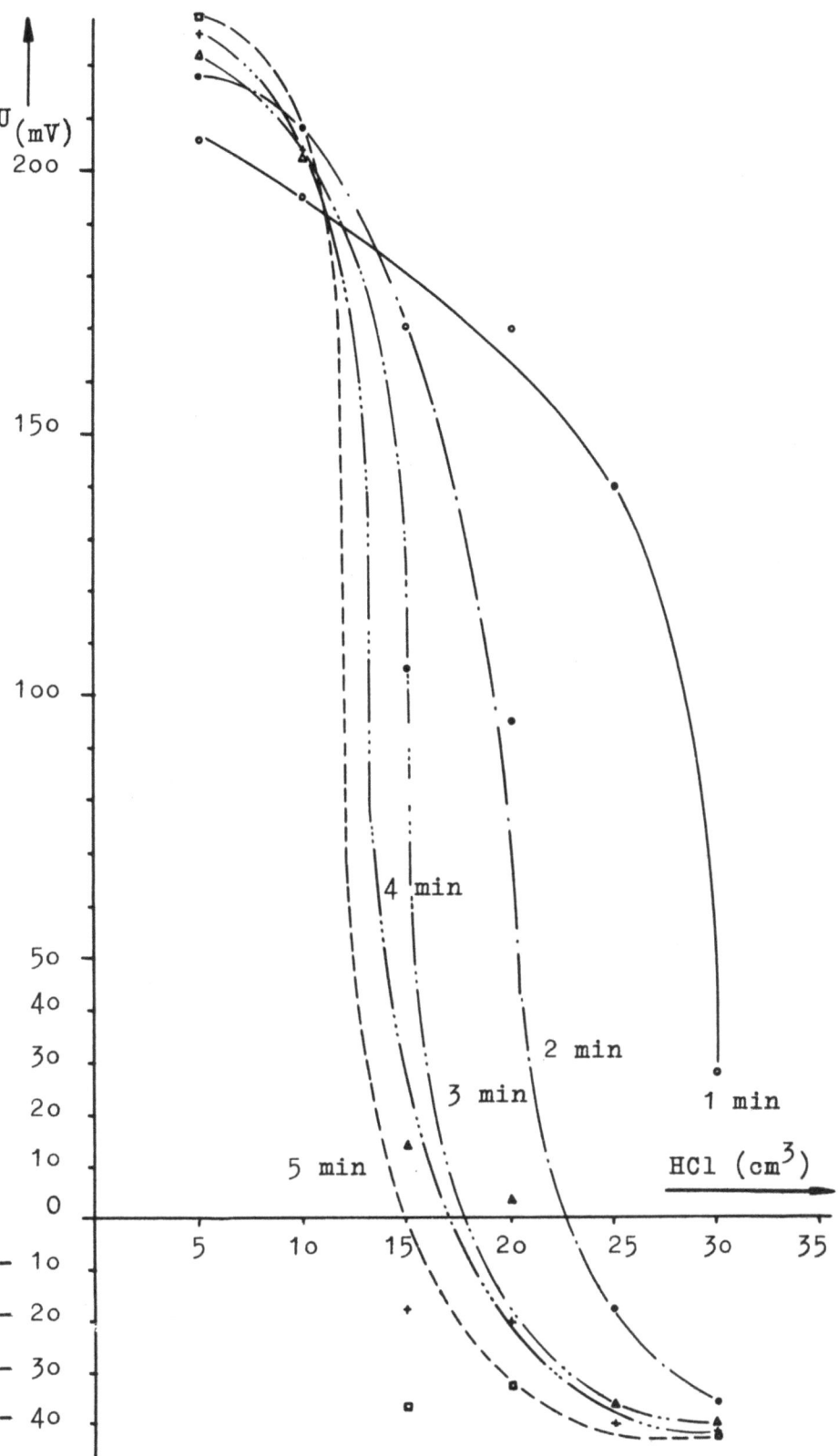

Abbildung 24

Forschungsberichte des Wirtschafts- und Verkehrsministeriums Nordrhein-Westfalen

Auswertung der Versuchsergebnisse

Auf Grund der durchgeführten 28 Versuchsserien, in denen die Korrosionsbeständigkeit von Messerklingen verschiedener Qualität hinsichtlich Legierung und Warmbehandlung geprüft wurde, kann gesagt werden, daß die entwickelte Methode zur Korrosionsprüfung rostfreier Messerklingen geeignet ist. Gefüge- und Härteuntersuchungen sowie chemische Analysen des Klingen-Werkstoffes bestätigen allgemein die durch die Potentialmessung erzielten Resultate, denn nachweislich werden schon verhältnismäßig geringe Unterschiede in der Legierung des Eisens mit Chrom und Kohlenstoff sowie in der Verarbeitung des Messerstahles erfaßt. Auffallend ist der große Einfluß der Vergütung auf die Passivität der Klinge. Wie aus den Untersuchungen zu erkennen ist, könnte die Korrosionsbeständigkeit der Mehrzahl aller geprüften Klingen durch eine bessere Vergütung wesentlich verstärkt werden. Die Praxis bestätigt diese Erkenntnis, denn erfahrungsgemäß sind Korrosionserscheinungen an rostfreien Messerklingen oftmals auf eine mangelnde Vergütung des Messerstahles zurückzuführen.

Aus den Untersuchungen geht ferner hervor, daß sogenannte "Brandflecke", ein altes Übel der Besteckindustrie, einwandfrei nachgewiesen werden. Diese "Brandflecke" sind zurückzuführen auf die zu starke Erhitzung einzelner Klingenpartien beim Schleif- oder Pließtprozeß. Der rostfreie Cr-Stahl ist auf Grund seiner äußerst geringen Wärmeleitfähigkeit hierfür besonders anfällig. Die starke Überhitzung einzelner Klingenteile kommt je nach Stärke einem hohen Anlassen oder Ausglühen gleich, wodurch naturgemäß eine Änderung des Gefüges gegenüber dem der restlichen Klinge eintritt. Hierdurch entstehen Spannungen, die außerdem je nach Größe auch zu Rissen führen können. Die Korrosionsbeständigkeit der "Brandstellen" ist demzufolge geringer als die der übrigen Klinge, was auch im Ergebnis der Potentialprüfung zum Ausdruck kommt.

Einmal wird das Potential der Klinge je nach Größe und Stärke dieser "Brandstellen" gesenkt und zum anderen zeigen diese überhitzten Klingenpartien nach der Korrosionsprüfung eine stärkere Anätzung, wie aus der Abbildung 25 zu erkennen ist. Die beiden abgebildeten Klingen haben an ihrer Spitze eine starke Brandstelle, die auf eine zu hohe Erhitzung beim Schleifen zurückzuführen ist. Untersuchungen haben gezeigt, daß neben der Spitze der Rücken und die Schneide rostfreier Messerklingen oftmals derartige "Brandstellen" aufweisen, die auch vom Fachmann an der fertig

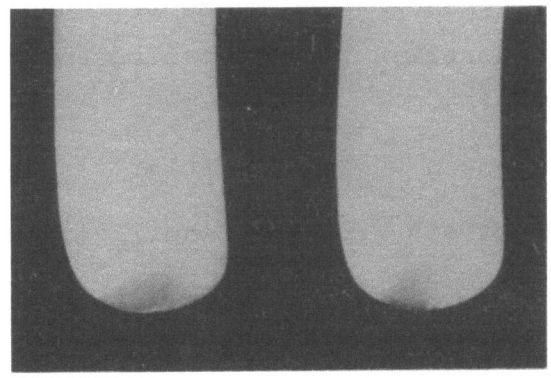

Abbildung 25

gepließteten oder polierten Klinge kaum festgestellt werden können. Im täglichen Gebrauch sind jedoch diese Stellen der Ausgangspunkt von Fleckenbildung und Spaltkorrosion. Durch das Prüfverfahren hat der Produzent somit die Möglichkeit, seine Klingen auch in dieser Hinsicht zu überprüfen und unangenehme Reklamationen auszuschalten.

IV. Die Festlegung der Prüfungsbedingungen

Nachdem durch 28 Versuchsserien nachgewiesen wurde, daß die entwickelte Methode zur Korrosionsprüfung rostfreier Messerklingen geeignet ist, galt es, die Prüfungsbedingungen hinsichtlich Elektrolyt und Tauchzeit festzulegen. Maßgebend hierfür waren einmal die erzielten Versuchsergebnisse und zum anderen die Anforderungen, die Produzent und Abnehmer an die Korrosionsbeständigkeit der Klingen stellen.

Die Prüfungsbedingungen wurden daher so gewählt, daß entsprechend den Gegebenheiten der Praxis die Passivität der weitaus größten Zahl aller produzierten Klingen den bei der Prüfung gestellten Anforderungen genügt, d.h. daß diese Klingen nach Ablauf der Prüfzeit ein positives Potential gegen die Vergleichselektrode aufweisen. Entsprechend ist die Korrosionsbeständigkeit von Klingen mit negativem Potential nicht ausreichend.

Unter diesen Voraussetzungen soll zur Korrosionsprüfung rostfreier Messerklingen nach der entwickelten Prüfmethode ein Elektrolyt mit folgender Zusammensetzung verwendet werden:

$$\begin{array}{lll} 75 \text{ cm}^3 & 10 \text{ \%ige} & HCl \\ 0{,}5 \text{ cm}^3 & 10 \text{ \%ige} & HNO_3 \\ 4\,500 \text{ cm}^3 & & H_2O \end{array}$$

Wie zu ersehen ist, entsprechen Art und Konzentration des gewählten Elektrolyten der in den Versuchsserien verwendeten Lösung mit 15 cm^3 HCl-Zugabe auf den Grundelektrolyten.

Die übrigen Versuchsbedingungen wurden wie folgt festgelegt:

1. Die Eisen-Vergleichselektrode wird mit Schmirgelleinen der Körnung 15o saubergeschmirgelt.

2. Die Elektroden werden vor der Prüfung mit Aether oder Tri entfettet.

3. Der oben in seiner Zusammensetzung angegebene Elektrolyt wird während der Prüfzeit durch ein Rührwerk leicht bewegt.

4. Die Badtemperatur ist möglichst konstant zu halten (Richtwert: t = 18°C).

5. Die Tauchzeit beträgt 5 min bei geöffnetem Meßstromkreis; die Potentialmessung erfolgt unmittelbar nach Ablauf dieser Zeit.

V. Das Prüfgerät

Um die Prüfung der Korrosionsbeständigkeit von rostfreien Messerklingen nach der neuen Methode rationell durchführen zu können, wurde ein Prüfgerät entwickelt. Nachstehendes Schaltbild (Abb. 26) zeigt schematisch den Aufbau.

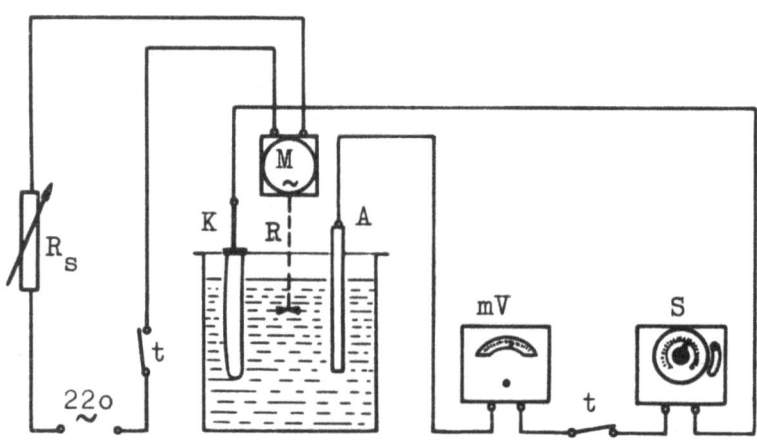

Abbildung 26

In der Schaltskizze bedeutet:

R_s = Schiebewiderstand,   t = Trennschalter,   R = Rührwerk,   S = Schaltuhr,
mV = Millivoltmeter,   K = Messerklinge,   A = Vergleichselektrode

Wie aus dem Schaltbild ersichtlich, werden 2 Stromkreise unterschieden. Erstens der Meßstromkreis mit den beiden Elektroden (Messer- und Eisenvergleichselektrode), in den neben einem Millivoltmeter (0 ÷ 500 mV) ein Trennschalter sowie eine Schaltuhr geschaltet sind. Letztere hat den Zweck, den Meßstromkreis zur Potentialmessung nach Ablauf der festgesetzten Tauchzeit zu schließen. Der zweite Stromkreis speist vom Netz (220~) her den Rührwerkmotor, dessen Drehzahl über einen Schiebewiderstand stufenlos regelbar ist.

Die beiden Elektroden, die zu prüfende rostfreie Messerklinge sowie die Vergleichselektrode sind voneinander isoliert mit dem Rührwerk an einem Dreharm befestigt, der eine vertikale Drehung um $90°$ gestattet. Im Ruhezustand befinden sich die Elektroden und das Rührwerk in der Horizontalen (vergl. Abb. 27).

Nach Einschalten des Rührwerkmotors sowie Aufziehen der Schaltuhr wird der Dreharm um $90°$ zur Vertikalen geschwenkt, wodurch die Elektroden und der Rührstab in das Bad getaucht werden (vergl. Abb. 28).

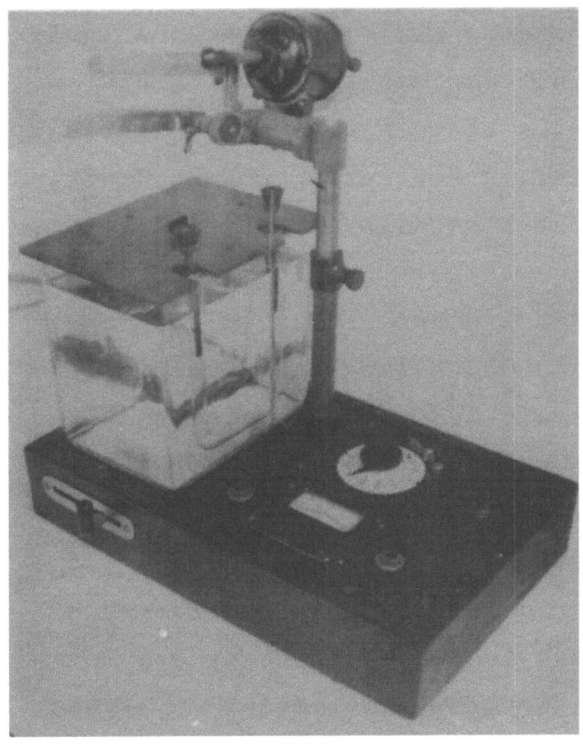   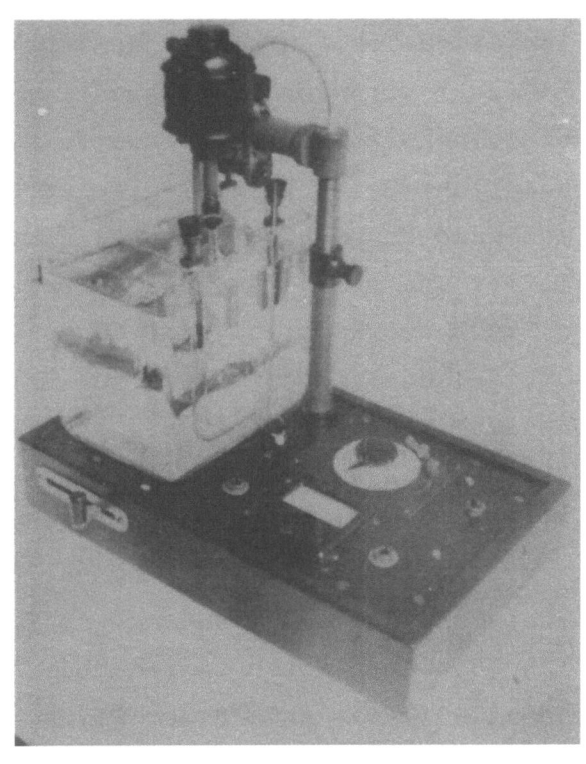

A b b i l d u n g 27   A b b i l d u n g 28

Im Augenblick des Eintauchens trennt die Schaltuhr den Meßstromkreis, und das Uhrwerk beginnt abzulaufen, um erst nach Ablauf der festgelegten Tauchzeit von 5 min den Stromkreis wieder zu schließen. Der sich einstellende Spannungswert gibt ein Maß für die Korrosionsbeständigkeit der geprüften Messerklinge.

VI. Vergleich des neuen Prüfverfahrens mit den bisher üblichen Methoden

Um festzustellen, inwieweit sich die Prüfungsergebnisse des entwickelten Prüfverfahrens mit denen der bisher üblichen Methoden der Korrosionsprüfung von rostfreien Messerklingen decken, war eine Vielzahl von Versuchen erforderlich. Hierzu wurden wiederum Messerklingen verschiedener Produzenten mit unterschiedlicher Qualität hinsichtlich Legierung und Verarbeitung herangezogen. Es wurde so vorgegangen, daß jede Klinge nach den verschiedenen Verfahren untersucht wurde. Zwischen zwei Prüfungen wurde eine grundlegende Aufarbeitung der Klingen durch Pließten vorgenommen, um eine möglichst gleiche Ausgangsqualität der Oberfläche zu erzielen.

Als die bedeutendste der bislang üblichen Prüfmethoden muß die Tüpfelprobe angesehen werden. Dieses Verfahren beruht darauf, auf einzelne Klingenstellen einen Tropfen einer chemischen Reagenz zu bringen. Nach Ablauf der Prüfzeit wird der Tropfen entfernt, und man stellt fest, ob und inwieweit ein Korrosionsangriff erfolgt ist. Dieses Prüfverfahren ist sehr gebräuchlich. Seine Vorteile liegen einmal in dem geringen Kostenaufwand, und zum anderen gibt es Hinweise darauf, welche Klingenpartien korrosionsanfälliger und welche korrosionsbeständiger sind. Dieser letzte Punkt hat jedoch auch den Nachteil, daß es dem Gutdünken des Prüfenden überlassen bleibt, welche Klingenpartien zur Untersuchung herangezogen werden. Der wesentliche Nachteil der Tüpfelprobe besteht jedoch darin, daß eine exakte physikalische Messung der Angriffsstärke und somit der Korrosionsbeständigkeit nicht möglich ist. Die Auswertung ist subjektiv und läßt nur eine sehr großzügige Klassifizierung des Angriffes zu. Man hat versucht, diesen Übelstand durch Verwendung von Kupfersulfat ($CuSO_4$) in den verschiedensten Konzentrationen zu beheben. Jedoch auch die Taxierung der Korrosionsbeständigkeit anhand der Stärke des eventuell erzielten Cu-Niederschlages ist ungenau. Andere zur Tüpfelprobe verwendete Reagenzien sind Essig und Senf. Hierbei unterliegt zwar die Klinge den im täglichen Gebrauch üblichen Beanspruchungen, es sind jedoch sehr lange Prüfzeiten zur

Erzielung eines Angriffes notwendig. Zum anderen sind, wie eingangs erwähnt, diese Reagenzien von sehr unterschiedlicher Zusammensetzung und ermöglichen somit keine einheitlichen Prüfungsbedingungen.

Zu den durchgeführten Tüpfelprüfungen wurde daher nur $CuSO_4$ in den verschiedenen Konzentrationen verwendet. Prüfzeit und Konzentration der Lösung wurden stufenweise gesteigert. Ein Angriff (Verkupferung) konnte bei einzelnen Klingen nach einer Prüfzeit von 30 min mit einer 20 %igen $CuSO_4$-Lösung deutlich festgestellt werden. Als die anfälligsten Klingenpartien wurden Kropf und Rücken ermittelt. Eine exakte Bestimmung der Korrosionsbeständigkeit der zu prüfenden Klingen war aus den angegebenen Gründen nicht möglich.

Eine weitere Korrosionsprüfmethode, die auch zur Untersuchung von rostfreien Messerklingen verwendet wird, ist der Sprühversuch (vergl. DIN 50 900). Die zu prüfenden Klingen befinden sich in einem geschlossenen Behälter, in den unter Druck das Sprühmittel durch eine Düse eingeblasen wird. Die Prüfung erstreckt sich je nach Passivität der Prüfteile über mehrere Tage, und ist schon aus diesem Grunde für die betriebliche Untersuchung von Klingen im Flusse der Produktion kaum zu verwenden. Zu den im Rahmen der Arbeit vorgenommenen Sprühversuchen wurden folgende Sprühmittel gewählt: Destilliertes Wasser, eine Imi-Lösung mit 7 g/l sowie eine 3 %ige Kochsalzlösung. Die Prüfzeit wurde bis zu 70 h stufenweise gesteigert. Abgesehen von einzelnen teilweise sehr schwachen fleckenförmigen Korrosionserscheinungen an den anfälligen Klingenpartien Kropf und Rücken konnte mit den ersten beiden Reagenzien keine Aufhebung der Passivität erzielt werden. Brauchbare Resultate brachten dagegen die Sprühversuche mit der 3 %igen NaCl-Lösung. Eine Anzahl von Klingen wiesen nach dem Versuch mehr oder weniger starke Rostflecken an Kropf, Rücken und Spitze auf. Am eigentlichen Klingenblatt dagegen kam es in keinem Falle zu Korrosionserscheinungen. Bei einigen Klingen konnte das Auftreten von Rostflecken (vielfach am Rücken) auf feine Risse zurückgeführt werden, deren Ursache im allgemeinen in falscher Warmbehandlung und fehlerhafter Bearbeitung der Klinge zu suchen war.

Die durch Tüpfelproben sowie Sprühversuche untersuchten Klingen wurden erneut aufgearbeitet und mit dem Tauchgerät geprüft. Die gewonnenen Resultate deckten sich durchweg mit denen der übrigen Verfahren. Wesentlich ist, daß bei dieser Prüfung auf Grund der elektrischen Messung auch kleinere Unterschiede zwischen den Klingen exakt festgestellt werden konnten.

Aus dem oben Gesagten ist zu ersehen, daß das neue Prüfverfahren wesentliche Vorteile gegenüber den bisher üblichen Methoden bringt. An die Stelle der visuellen, subjektiven Auswertung des Prüfungsergebnisses tritt die exakte, objektive Messung, die auf Grund der Objektivität im Gegensatz zu den anderen angegebenen Verfahren von einer Hilfskraft ausgeführt werden kann. Ferner wird die Prüfungsdauer so verringert, daß die Prüfung in den Fluß der Klingenfabrikation eingebaut werden kann.

Dipl.-Ing. H. STÜDEMANN
Ing. R. BEU
Forschungsinstitut an der Fachschule für
Metallgestaltung und Metalltechnik in
Solingen

VII. Literaturverzeichnis

(1) - Werkstoffhandbuch Stahl und Eisen 1927
(2) HOUDREMONT, E. Sonderstahlkunde 1935, Springer-Verlag, Berlin
(3) - Stahl und Eisen 1943
(4) - Normblatt DIN 5o 9o5
(5) RITTER, Fr. Korrosionstabellen metallischer Werkstoffe 1952, Springer-Verlag, Wien
(6) WIEDERHOLT, W. Korrosionsprüfverfahren, 1945, Verlag Chemie, Berlin
(7) HOUDREMONT, E. u.
H. SCHOTTKY Korrosion metallischer Werkstoffe Band 1

FORSCHUNGSBERICHTE
DES WIRTSCHAFTS- UND VERKEHRSMINISTERIUMS
NORDRHEIN-WESTFALEN

Herausgegeben von Staatssekretär Prof. Leo Brandt

Heft 1:
Prof. Dr.-Ing. E. Flegler, Aachen
Untersuchungen oxydischer Ferromagnet-Werkstoffe

Heft 2:
Prof. Dr. W. Fuchs, Aachen
Untersuchungen über absatzfreie Teeröle

Heft 3:
Techn.-Wissenschaftl. Büro für die Bastfaserindustrie, Bielefeld
Untersuchungsarbeiten zur Verbesserung des Leinenwebstuhls

Heft 4:
Prof. Dr. E. A. Müller und Dipl.-Ing. H. Spitzer, Dortmund
Untersuchungen über die Hitzebelastung in Hüttebetrieben

Heft 5:
Dipl.-Ing. W. Fister, Aachen
Prüfstand der Turbinenuntersuchungen

Heft 6:
Prof. Dr. W. Fuchs, Aachen
Untersuchungen über die Zusammensetzung und Verwendbarkeit von Schwelteerfraktionen

Heft 7:
Prof. Dr. W. Fuchs, Aachen
Untersuchungen über emsländisches Petrolatum

Heft 8:
M. E. Meffert und H. Stratmann, Essen
Algen-Großkulturen im Sommer 1951

Heft 9:
Techn.-Wissenschaftl. Büro für die Bastfaserindustrie, Bielefeld
Untersuchungen über die zweckmäßige Wicklungsart von Leinengarnkreuzspulen unter Berücksichtigung der Anwendung hoher Geschwindigkeiten des Garnes
Vorversuche für Zetteln und Schären von Leinengarnen auf Hochleistungsmaschinen

Heft 10:
Prof. Dr. W. Vogel, Köln
„Das Streifenpaar" als neues System zur mechanischen Vergrößerung kleiner Verschiebungen und seine technischen Anwendungsmöglichkeiten

Heft 11:
Laboratorium für Werkzeugmaschinen und Betriebslehre, Technische Hochschule Aachen
1. Untersuchungen über Metallbearbeitung im Fräsvorgang mit Hartmetallwerkzeugen und negativem Spanwinkel
2. Weiterentwicklung des Schleifverfahrens für die Herstellung von Präzisionswerkstücken unter Vermeidung hoher Temperaturen
3. Untersuchung von Oberflächenveredlungsverfahren zur Steigerung der Belastbarkeit hochbeanspruchter Bauteile

Heft 12:
Elektrowärme-Institut, Langenberg (Rhld.)
Induktive Erwärmung mit Netzfrequenz

Heft 13:
Techn.-Wissenschaftl. Büro für die Bastfaserindustrie, Bielefeld
Das Naßspinnen von Bastfasergarnen mit chemischen Zusätzen zum Spinnbad

Heft 14:
Forschungsstelle für Acetylen, Dortmund
Untersuchungen über Aceton als Lösungsmittel für Acetylen

Heft 15:
Wäschereiforschung Krefeld
Trocknen von Wäschestoffen

Heft 16:
Max-Planck-Institut für Kohlenforschung, Mülheim a. d. Ruhr
Arbeiten des MPI für Kohlenforschung

Heft 17:
Ingenieurbüro Herbert Stein, M. Gladbach
Untersuchung der Verzugsvorgänge in den Streckwerken verschiedener Spinnereimaschinen. 1. Bericht: Vergleichende Prüfung mit verschiedenen Dickenmeßgeräten

Heft 18:
Wäschereiforschung Krefeld
Grundlagen zur Erfassung der chemischen Schädigung beim Waschen

Heft 19:
Techn.-Wissenschaftl. Büro für die Bastfaserindustrie, Bielefeld
Die Auswirkung des Schlichtens von Leinengarnketten auf den Verarbeitungswirkungsgrad, sowie die Festigkeit und Dehnungsverhältnisse der Garne und Gewebe

Heft 20:
Techn.-Wissenschaftl. Büro für die Bastfaserindustrie, Bielefeld
Trocknung von Leinengarnen I
Vorgang und Einwirkung auf die Garnqualität

Heft 21:
Techn.-Wissenschaftl. Büro für die Bastfaserindustrie, Bielefeld
Trocknung von Leinengarnen II
Spulenanordnung und Luftführung beim Trocknen von Kreuzspulen

Heft 22:
Techn.-Wissenschaftl. Büro für die Bastfaserindustrie, Bielefeld
Die Reparaturanfälligkeit von Webstühlen

Heft 23:
Institut für Starkstromtechnik, Aachen
Rechnerische und experimentelle Untersuchungen zur Kenntnis der Metadyne als Umformer von konstanter Spannung auf konstanten Strom

Heft 24:
Institut für Starkstromtechnik, Aachen
Vergleich verschiedener Generator-Metadyne-Schaltungen in bezug auf statisches Verhalten

Heft 25:
Gesellschaft für Kohlentechnik mbH., Dortmund-Eving
Struktur der Steinkohlen und Steinkohlen-Kokse

Heft 26:
Techn.-Wissenschaftl. Büro für die Bastfaserindustrie, Bielefeld
Vergleichende Untersuchungen zweier neuzeitlicher Ungleichmäßigkeitsprüfer für Bänder und Garne hinsichtlich ihrer Eignung für die Bastfaserspinnerei

Heft 27:
Prof. Dr. E. Schratz, Münster
Untersuchungen zur Rentabilität des Arzneipflanzenanbaues Römische Kamille, Anthemis nobilis L.

Heft 28:
Prof. Dr. E. Schratz, Münster
Calendula officinalis L. Studien zur Ernährung, Blütenfüllung und Rentabilität der Drogengewinnung

Heft 29:
Techn.-Wissenschaftl. Büro für die Bastfaserindustrie, Bielefeld
Die Ausnützung der Leinengarne in Geweben

Heft 30:
Gesellschaft für Kohlentechnik mbH., Dortmund-Eving
Kombinierte Entaschung und Verschwelung von Steinkohle; Aufarbeitung von Steinkohlenschlämmen zu verkokbarer oder verschwelbarer Kohle

Heft 31:
Dipl.-Ing. Störmann, Essen
Messung des Leistungsbedarfs von Doppelsteg-Kettenförderern

Heft 32:
Techn.-Wissenschaftl. Büro für die Bastfaserindustrie, Bielefeld
Der Einfluß der Natriumchloridbleiche auf Qualität und Verwebbarkeit von Leinengarnen und die Eigenschaften der Leinengewebe unter besonderer Berücksichtigung des Einsatzes von Schützen- und Spulenwechselautomaten in der Leinenweberei

Heft 33:
Kohlenstoffbiologische Forschungsstation e. V.
Eine Methode zur Bestimmung von Schwefeldioxyd und Schwefelwasserstoff in Rauchgasen und in der Atmosphäre

Heft 34:
Textilforschungsanstalt Krefeld
Quellungs- und Entquellungsvorgänge bei Faserstoffen

Heft 35:
Professor Dr. W. Kast, Krefeld
Feinstrukturuntersuchungen an künstlichen Zellulosefasern verschiedener Herstellungsverfahren

Heft 36:
Forschungsinstitut der feuerfesten Industrie, Bonn
Untersuchungen über die Trocknung von Rohton
Untersuchungen über die chemische Reinigung von Silika- und Schamotte-Rohstoffen mit chlorhaltigen Gasen

Heft 37:
Forschungsinstitut der feuerfesten Industrie, Bonn
Untersuchungen über den Einfluß der Probenvorbereitung auf die Kaltdruckfestigkeit feuerfester Steine

Heft 38:
Forschungsstelle für Acetylen, Dortmund
Untersuchungen über die Trocknung von Acetylen zur Herstellung von Dissousgas

Heft 39:
Forschungsgesellschaft Blechverarbeitung e. V., Düsseldorf
Untersuchungen an prägegemusterten und vorgelochten Blechen

Heft 40:
Landesgeologe Dr.-Ing. W. Wolff, Amt für Bodenforschung, Krefeld
Untersuchungen über die Anwendbarkeit geophysikalischer Verfahren zur Untersuchung von Spateisengängen im Siegerland

Heft 41:
Techn.-Wissenschaftl. Büro für die Bastfaserindustrie, Bielefeld
Untersuchungsarbeiten zur Verbesserung des Leinenwebstuhles II

Heft 42:
Professor Dr. B. Helferich, Bonn
Untersuchungen über Wirkstoffe — Fermente — in der Kartoffel und die Möglichkeit ihrer Verwendung

Heft 43:
Forschungsgesellschaft Blechverarbeitung e. V., Düsseldorf
Forschungsergebnisse über das Beizen von Blechen

Heft 44:
Arbeitsgemeinschaft für praktische Dehnungsmessung, Düsseldorf
Eigenschaften und Anwendungen von Dehnungsmeßstreifen

Heft 45:
Losenhausenwerk Düsseldorfer Maschinenbau AG., Düsseldorf
Untersuchungen von störenden Einflüssen auf die Lastgrenzenanzeige von Dauerschwingprüfmaschinen

Heft 46:
Prof. Dr. W. Fuchs, Aachen
Untersuchungen über die Aufbereitung von Wasser für die Dampferzeugung in Benson-Kesseln

Heft 47:
Prof. Dr.-Ing. K. Krekeler, Aachen
Versuche über die Anwendung der induktiven Erwärmung zum Sintern von hochschmelzenden Metallen sowie zur Anlegierung und Vergütung von aufgespritzten Metallschichten mit dem Grundwerkstoff

Heft 48:
Max-Planck-Institut für Eisenforschung, Düsseldorf
Spektrochemische Analyse der Gefügebestandteile in Stählen nach ihrer Isolierung

Heft 49:
Max-Planck-Institut für Eisenforschung, Düsseldorf
Untersuchungen über Ablauf der Desoxydation und die Bildung von Einschlüssen in Stählen

Heft 50:
Max-Planck-Institut für Eisenforschung, Düsseldorf
Flammenspektralanalytische Untersuchung der Ferritzusammensetzung in Stählen

Heft 51:
Verein zur Förderung von Forschungs- und Entwicklungsarbeiten in der Werkzeugindustrie e. V., Remscheid
Untersuchungen an Kreissägeblättern für Holz, Fehler- und Spannungsprüfverfahren

Heft 52:
Forschungsstelle für Azetylen, Dortmund
Untersuchungen über den Umsatz bei der explosiblen Zersetzung von Azetylen
 a) Zersetzung von gasförmigem Azetylen,
 b) Zersetzung von an Silikagel adsorbiertem Azetylen

Heft 53:
Professor Dr.-Ing. H. Opitz, Aachen
Reibwert- und Verschleißmessungen an Kunststoffgleitführungen für Werkzeugmaschinen

Heft 54:
Professor Dr.-Ing. F. A. F. Schmidt, Aachen
Schaffung von Grundlagen für die Erhöhung der spez. Leistung und Herabsetzung des spez. Brennstoffverbrauches bei Ottomotoren mit Teilbericht über Arbeiten an einem neuen Einspritzverfahren

Heft 55:
Forschungsgesellschaft Blechverarbeitung e. V., Düsseldorf
Chemisches Glänzen von Messing und Neusilber

Heft 56:
Forschungsgesellschaft Blechverarbeitung e. V., Düsseldorf
Untersuchungen über einige Probleme der Behandlung von Blechoberflächen

Heft 57:
Prof. Dr.-Ing. F. A. F. Schmidt, Aachen
Untersuchungen zur Erforschung des Einflusses des chemischen Aufbaues des Kraftstoffes auf sein Verhalten im Motor und in Brennkammern von Gasturbinen

Heft 58:
Gesellschaft für Kohlentechnik m. b. H., Dortmund
Herstellung und Untersuchung von Steinkohlenschwelteer

Heft 59:
Forschungsinstitut der Feuerfest-Industrie e. V., Bonn
Ein Schnellanalysenverfahren zur Bestimmung von Aluminiumoxyd, Eisenoxyd und Titanoxyd in feuerfestem Material mittels organischer Farbreagenzien auf photometrischem Wege
Untersuchungen des Alkali-Gehaltes feuerfester Stoffe mit dem Flammenphotometer nach Riehm-Lange

Heft 60:
Forschungsgesellschaft Blechverarbeitung e. V., Düsseldorf
Untersuchungen über das Spritzlackieren im elektrostatischen Hochspannungsfeld

Heft 61:
Verein zur Förderung von Forschungs- und Entwicklungsarbeiten in der Werkzeugindustrie e. V., Remscheid
Schwingungs- und Arbeitsverhalten von Kreissägeblättern für Holz

Heft 62:
Professor Dr. W. Franz, Institut für theoretische Physik der Universität Münster
Berechnung des elektrischen Durchschlags durch feste und flüssige Isolatoren

Heft 63:
Textilforschungsanstalt Krefeld
Neue Methoden zur Untersuchung der Wirkungsweise von Textilhilfsmitteln
Untersuchungen über Schlichtungs- und Entschlichtungsvorgänge

Heft 64:
Textilforschungsanstalt Krefeld
Die Kettenlängenverteilung von hochpolymeren Faserstoffen
Über die fraktionierte Fällung von Polyamiden

Heft 65:
Fachverband Schneidwarenindustrie, Solingen
Untersuchungen über das elektrolytische Polieren von Tafelmesserklingen aus rostfreiem Stahl

Heft 66:
Dr.-Ing. P. Füsgen VDI †, Düsseldorf
Untersuchungen über das Auftreten des Ratterns bei selbsthemmenden Schneckengetrieben und seine Verhütung

Heft 67:
Heinrich Wösthoff o. H. G., Apparatebau, Bochum
Entwicklung einer chemisch-physikalischen Apparatur zur Bestimmung kleinster Kohlenoxyd-Konzentrationen

Heft 68:
Kohlenstoffbiologische Forschungsstation e. V., Essen
Algengroßkulturen im Sommer 1952
II. Über die unsterile Großkultur von Scenedesmus obliquus

Heft 69:
Wäschereiforschung Krefeld
Bestimmung des Faserabbaues bei Leinen unter besonderer Berücksichtigung der Leinengarnbleiche

Heft 70:
Wäschereiforschung Krefeld
Trocknen von Wäschestoffen

Heft 71:
Prof. Dr.-Ing. K. Leist, Aachen
Kleingasturbinen, insbesondere zum Fahrzeugantrieb

Heft 72:
Prof. Dr.-Ing. K. Leist, Aachen
Beitrag zur Untersuchung von stehenden geraden Turbinengittern mit Hilfe von Druckverteilungsmessungen

Heft 73:
Prof. Dr.-Ing. K. Leist, Aachen
Spannungsoptische Untersuchungen von Turbinenschaufelfüßen

Heft 74:
Max-Planck-Institut für Eisenforschung, Düsseldorf
Versuche zur Klärung des Umwandlungsverhaltens eines sonderkarbidbildenden Chromstahls

Heft 75:
Max-Planck-Institut für Eisenforschung, Düsseldorf
Zeit-Temperatur-Umwandlungs-Schaubilder als Grundlage der Wärmebehandlung der Stähle

Heft 76:
Max-Planck-Institut für Arbeitsphysiologie, Dortmund
Arbeitstechnische und arbeitsphysiologische Rationalisierung von Mauersteinen

Heft 77:
Meteor Apparatebau Paul Schmeck G. m. b H., Siegen
Entwicklung von Leuchtstoffröhren hoher Leistung

Heft 78:
Forschungsstelle für Acetylen, Dortmund
Über die Zustandsgleichung des gasförmigen Acetylens und das Gleichgewicht Acetylen — Aceton

Heft 79:
Techn.-Wissenschaftl. Büro für die Bastfaserindustrie, Bielefeld
Trocknung von Leinengarnen III
Spinnspulen- und Spinnkopstrocknung
Vorgang und Einwirkung auf die Garnqualität

Heft 80:
Techn.-Wissenschaftl. Büro für die Bastfaserindustrie, Bielefeld
Die Verarbeitung von Leinengarn auf Webstühlen mit und ohne Oberbau

Heft 81:
Prüf- und Forschungsinstitut für Ziegeleierzeugnisse, Essen-Kray
Die Einführung des großformatigen Einheits-Gitterziegels im Lande Nordrhein-Westfalen

Heft 82:
Vereinigte Aluminium-Werke AG., Bonn
Forschungsarbeiten auf dem Gebiet der Veredelung von Aluminium-Oberflächen

Heft 83:
Prof. Dr. S. Strugger, Münster
Über die Struktur der Proplastiden

Heft 84:
Dr. H. Baron, Düsseldorf
Über Standardisierung von Wundtextilien

Heft 85:
Textilforschungsanstalt Krefeld
Physikalische Untersuchungen an Fasern, Fäden, Garnen und Geweben:
Untersuchungen am Knickscheuergerät nach Weltzien

Heft 86:
Prof. Dr.-Ing. H. Opitz, Aachen
Untersuchungen über das Fräsen von Baustahl sowie über den Einfluß des Gefüges auf die Zerspanbarkeit

Heft 87:
Gemeinschaftsausschuß Verzinken, Düsseldorf
Untersuchungen über Güte von Verzinkungen

Heft 88:
Gesellschaft für Kohlentechnik mbH., Dortmund-Eving
Oxydation von Steinkohle mit Salpetersäure

Heft 89:
Verein Deutscher Ingenieure, Gleitlagerforschung, Düsseldorf und Prof. Dr.-Ing. G. Vogelpohl, Göttingen
Versuche mit Preßstoff-Lagern für Walzwerke

Heft 90:
Forschungs-Institut der Feuerfest-Industrie, Bonn
Das Verhalten von Silikasteinen im Siemens-Martin-Ofengewölbe

Heft 91:
Forschungs-Institut der Feuerfest-Industrie, Bonn
Untersuchungen des Zusammenhangs zwischen Leistung und Kohlenverbrauch von Kammeröfen zum Brennen von feuerfesten Materialien

Heft 92:
Techn.-Wissenschaftl. Büro für die Bastfaserindustrie, Bielefeld und Laboratorium für textile Meßtechnik, M.-Gladbach
Messungen von Vorgängen am Webstuhl

Heft 93:
Prof. Dr. W. Kast, Krefeld
Spinnversuche zur Strukturerfassung künstlicher Zellulosefasern

Heft 94:
Prof. Dr. G. Winter, Bonn
Die Heilpflanzen des MATTHIOLUS (1611) gegen Infektionen der Harnwege und Verunreinigung der Wunden bzw. zur Förderung der Wundheilung im Lichte der Antibiotikaforschung

Heft 95:
Prof. Dr. G. Winter, Bonn
Untersuchungen über die flüchtigen Antibiotika aus der Kapuziner- (Tropaeolum maius) und Gartenkresse (Lepidium sativum) und ihr Verhalten im menschlichen Körper bei Aufnahme von Kapuziner- bzw. Gartenkressensalat per os

Heft 96:
Dr.-Ing. P. Koch, Dortmund
Austritt von Exoelektronen aus Metalloberflächen unter Berücksichtigung der Verwendung des Effektes für die Materialprüfung

Heft 97:
Ing. H. Stein, Laboratorium für textile Meßtechnik, M.-Gladbach
Untersuchung der Verzugsvorgänge an den Streckwerken verschiedener Spinnereimaschinen
2. Bericht: Ermittlung der Haft-Gleiteigenschaften von Faserbändern und Vorgarnen

Heft 98:
Fachverband Gesenkschmieden, Hagen
Die Arbeitsgenauigkeit beim Gesenkschmieden unter Hämmern

Heft 99:
Prof. Dr.-Ing. G. Garbotz, Aachen
Der Kraft- und Arbeitsaufwand sowie die Leistungen beim Biegen von Bewehrungsstählen in Abhängigkeit von den Abmessungen, den Formen und der Güte der Stähle (Ermittlung von Leistungsrichtlinien)

Heft 100:
Prof. Dr.-Ing. H. Opitz, Aachen
Untersuchungen von elektrischen Antrieben, Steuerungen und Regelungen an Werkzeugmaschinen

Heft 101:
Prof. Dr.-Ing. H. Opitz, Aachen
Wirtschaftlichkeitsbetrachtungen beim Außenrundschleifen

Heft 102:
Dr. P. Hölemann, Ing. R. Hasselmann und Ing. G. Dix, Dortmund
Untersuchungen über die thermische Zündung von explosiblen Acetylenzersetzungen in Kapillaren

Heft 103:
Prof. Dr. W. Weizel, Bonn
Durchführung von experimentellen Untersuchungen über den zeitlichen Ablauf von Funken in komprimierten Edelgasen sowie zu deren mathematischen Berechnung

Heft 104:
Prof. Dr. W. Weizel, Bonn
Über den Einfluß der Elektroden auf die Eigenschaften von Cadmium-Sulfid-Widerstands-Photozellen

Heft 105:
Dr.-Ing. R. Meldau, Harsewinkel/Westf.
Auswertung von Gekörn — Analysen des Musterstaubes „Flugasche Fortuna I"

Heft 106:
ORR. Dr.-Ing. W. Küch, Dortmund
Untersuchungen über die Einwirkung von feuchtigkeitsgesättigter Luft auf die Festigkeit von Leimverbindungen

Heft 107:
Prof. Dr. H. Lange und Dipl.-Phys. P. St. Pütter, Köln
Über die Konstruktion von Laboratoriumsmagneten

Heft 108:
Prof. Dr. W. Fuchs, Aachen
Untersuchungen über neue Beizmethoden und Beizabwässer
I. Die Entzunderung von Drähten mit Natriumhydrid
II. Die Aufbereitung von Beizabwässern

Heft 109:
Dr. P. Hölemann und Ing. R. Hasselmann, Dortmund
Untersuchungen über die Löslichkeit von Azetylen in verschiedenen organischen Lösungsmitteln

Heft 110:
Dr. P. Hölemann und Ing. R. Hasselmann, Dortmund
Untersuchungen über den Druckverlauf bei der explosiblen Zersetzung von gasförmigem Azetylen

Heft 111:
Fachverband Steinzeugindustrie, Köln
Die Entwicklung eines Gerätes zur Beschickung seitlicher Feuer von Steinzeug-Einzelkammeröfen mit festen Brennstoffen

Heft 112:
Prof. Dr.-Ing. H. Opitz, Aachen
Verschleißmessungen beim Drehen mit aktivierten Hartmetallwerkzeugen

Heft 113:
Prof. Dr. O. Graf, Dortmund
Erforschung der geistigen Ermüdung und nervösen Belastung: Studien über die vegetative 24-Stunden-Rhythmik in Ruhe und unter Belastung

Heft 114:
Prof. Dr. O. Graf, Dortmund
Studien über Fließarbeitsprobleme an einer praxisnahen Experimentieranlage

Heft 115:
Prof. Dr. O. Graf, Dortmund
Studium über Arbeitspausen in Betrieben bei freier und zeitgebundener Arbeit (Fließarbeit) und ihre Auswirkung auf die Leistungsfähigkeit

Heft 116:
Prof. Dr.-Ing. E. Siebel und Dr.-Ing. H. Weiss, Stuttgart
Untersuchungen an einigen Problemen des Tiefziehens — I. Teil

Heft 117:
Dr.-Ing. H. Beißwänger, Stuttgart, und Dr.-Ing. S. Schwandt, Trier
Untersuchungen an einigen Problemen des Tiefziehens — II. Teil

Heft 118:
Prof. Dr. E. A. Müller und Dr. H. G. Wenzel, Dortmund
Neuartige Klima-Anlage zur Erzeugung ungleicher Luft- und Strahlungstemperaturen in einem Versuchsraum

Heft 119:
Dr.-Ing. O. Viertel, Krefeld
Wäscherei- und energietechnische Untersuchung einer Gemeinschafts-Waschanlage

Heft 120:
Dipl.-Ing. Weisbecker, Lüdenscheid
Über Anfressung an Reinstaluminium-Schweißnähten bei der elektrolytischen Oxydation
Gebr. Hörstermann GmbH., Velbert
Entwicklung und Erprobung eines neuartigen Gummibandförderers

Heft 121:
Dr. H. Krebs, Bonn
I. Die Struktur und die Eigenschaften der Halbmetalle
II. Die Bestimmung der Atomverteilung in amorphen Substanzen
III. Die chemische Bindung in anorganischen Festkörpern und das Entstehen metallischer Eigenschaften

Heft 122:
Prof. Dr. W. Fuchs, Aachen
Untersuchungen zur Verbesserung der Wasseraufbereitung und Wasseranalyse:
Über die Schnellbewertung von Ionenaustauscher

Heft 123:
Dipl.-Ing. J. Emondts, Aachen
Über Bodenverformungen bei stark gestörtem und mächtigem, wasserführendem Deckgebirge im Aachener Steinkohlengebiet

Heft 124:
Prof. Dr. R. Seyffert, Köln
Wege und Kosten der Distribution der Hausratwaren im Lande Nordrhein-Westfalen

Heft 125:
Prof. Dr. E. Kappler, Münster
Eine neue Methode zur Bestimmung von Kondensations-Koeffizienten von Wasser

Heft 126:
Prof. Dr.-Ing. J. Mathieu, Aachen
Arbeitszeitvergleich
Grundlagen, Methodik und praktische Durchführung

Heft 127:
Güteschutz Betonstein e. V.,
Arbeitskreis Nordrhein-Westfalen, Dortmund
Die Betonwaren-Gütesicherung im Lande Nordrhein-Westfalen

Heft 128:
Prof. Dr. O. Schmitz-DuMont, Bonn
Untersuchungen über Reaktionen in flüssigem Ammoniak

Heft 129:
Prof. Dr.-Ing. J. Mathieu und Dr. C. A. Roos, Aachen
Die Anlernung von Industriearbeitern
I. Ergebnisse einer grundsätzlichen Untersuchung der gegenwärtigen Industriearbeiter-Kurzanlernung

Heft 130:
Prof.-Dr.-Ing. J. Mathieu und Dr. C. A. Roos, Aachen
Die Anlernung von Industriearbeitern
II. Beiträge zur Methodenfrage der Kurzanlernung

Heft 131:
Dr. W. Hoerburger, Köln
Versuche zur Biosynthese von Eiweiß aus Kohlenwasserstoff

Heft 132:
Prof. Dr. W. Seith, Münster
Über Diffusionserscheinungen in festen Metallen

Heft 133:
Prof. Dr. E. Jenckel, Aachen
Über einen für Schwermetalle selektiven Ionenaustauscher

Heft 134:
Prof. Dr.-Ing. H. Winterhager, Aachen
Über die elektrochemischen Grundlagen der Schmelzfluß-Elektrolyse von Bleisulfid in geschmolzenen Mischungen mit Bleichlorid

Heft 135:
Prof. Dr.-Ing. K. Krekeler und Dr.-Ing. H. Peukert, Aachen
Die Änderung der mechanischen Eigenschaften thermoplastischer Kunststoffe durch Warmrecken

Heft 136:
Dipl.-Phys. P. Pilz, Remscheid
Über spezielle Probleme der Zerkleinerungstechnik von Weichstoffen

Heft 137:
Prof. Dr. W. Baumeister, Münster
Beiträge zur Mineralstoffernährung der Pflanzen

Heft 138:
Dr. P. Hölemann und Ing. R. Hasselmann, Dortmund
Untersuchungen über die Zersetzungswärme von gasförmigem und in Azeton gelöstem Azetylen

Heft 139:
Prof. Dr. W. Fuchs, Aachen
Studien über die thermische Zersetzung der Kohle und die Kohlendestillatprodukte

Heft 140:
Dr.-Ing. G. Hausberg, Essen
Modellversuche an Zyklonen

Heft 141:
Dr. J. van Calker und Dr. R. Wienecke, Münster
Untersuchungen über den Einfluß dritter Analysenpartner auf die spektrochemische Analyse

Heft 142:
Dipl.-Ing. G. M. F. Wiebel, Hannover, A. Konermann und
A. Ottenheym, Sennelager
Entwicklung eines Kalksandleichtsteines

Heft 143:
Prof. Dr. F. Wever, Dr. A. Rose und Dipl.-Ing. W. Straßburg, Düsseldorf
Härtbarkeit und Umwandlungsverhalten der Stähle

Heft 144:
Prof. Dr. H. Wurmbach, Bonn
Steuerung von Wachstum und Formbildung

Heft 145:
Dr. G. Hennemann, Werdohl (Westf.)
Beitrag zur Interpretation der modernen Atomphysik

Heft 146:
Dr.-Ing. F. Gruß, Düsseldorf
Sterilisation mit Heißluft

Heft 147:
Dr.-Ing. W. Rudisch, Unna
Untersuchung einer drehelastischen Elektromagnet-Synchronkupplung

Heft 148:
Prof. Dr. H. Bittel und Dipl.-Phys. L. Storm, Münster
Untersuchungen über Widerstandsrauschen

Heft 149:
Dipl.-Ing. K. Konopicky und Dipl.-Chem. P. Kampa, Bonn
I. Beitrag zur flammenphotometrischen Bestimmung des Calciums
Dr.-Ing. K. Konopicky, Bonn
II. Die Wanderung von Schlackenbestandteilen in feuerfesten Baustoffen

Heft 150:
Prof. Dr.,Ing. O. Kienzle und Dipl.-Ing. W. Timmerbeil, Hannover
Das Durchziehen enger Kragen an ebenen Fein- und Mittelblechen

Heft 151:
Dipl.-Ing. P. Karabasch, Aachen
Feststellung des optimalen Gasgehaltes von Bronzen zur Erzielung druckdichter Gußstücke

Heft 152:
Dipl.-Ing. G. Müller, Köln
Ermittlung der Laufeigenschaften (Vergießbarkeit) von Bronze und Rotguß mittels der Schneider-Gießspirale

Heft 153:
Prof. Dr. F. Wever, Dr.-Ing. W. A. Fischer und
Dipl-Ing. J. Engelbrecht, Düsseldorf
I. Die Reduktion sauerstoffhaltiger Eisenschmelzen im Hochvakuum mit Wasserstoff und Kohlenstoff
II. Einfluß geringer Sauerstoffgehalte auf das Gefüge und Alterungsverhalten von Reineisen

Heft 154:
Prof. Dr.-Ing. P. Bardenheuer und Dr.-Ing. W. A. Fischer, Düsseldorf
Die Verschlackung von Titan aus Stahlschmelzen im sauren und basischen Hochfrequenzofen unter verschiedenen Schlacken

Heft 155:
Dipl.-Phys. K. H. Schirmer, München
Die auf Grau abgestimmte Farbwiedergabe im Dreifarbenbuchdruck

Heft 156:
Prof. Dr.-Ing. B. von Borries und Mitarbeiter, Düsseldorf
Die Entwicklung regelbarer permanentmagnetischer Elektronenlinsen hoher Brechkraft und eines mit ihnen ausgerüsteten Elektronenmikroskopes neuer Bauart

Heft 157:
Dr. W. Jawtusch, Dr. G. Schuster und Prof. Dr.-Ing. R. Jaeckel, Bonn
Untersuchungen über die Stoßvorgänge zwischen neutralen Atomen und Molekülen

Heft 158:
Dipl.-Ing. W. Rosenkranz, Meinerzhagen
Ein Beitrag zum Problem der Spannungskorrosion bei Preßprofilen und Preßteilen aus Aluminium-Legierungen

Heft 159:
Dr.-Ing. O. Viertel und O. Oldenroth, Krefeld
Das Bleichen von Weißwäsche mit Wasserstoffsuperoxyd bzw. Natriumhypochlorit beim maschinellen Waschen

Heft 160:
Prof. Dr. W. Klemm, Münster
Über neue Sauerstoff- und Fluor-haltige Komplexe

Heft 161:
Prof. Dr. W. Weltzien und Dr. G. Hauschild, Krefeld
Über Silikone und ihre Anwendung in der Textilveredlung

Heft 162:
Prof. Dr. F. Wever, Prof. Dr. A. Knochendörfer und
Dr.-Ing. Chr. Rohrbach, Düsseldorf
Kennzeichnung der Sprödbruchneigung von Stählen durch Messung der Fließspannung, Reißspannung und Brucheinschnürung an dreiachsig beanspruchten Proben

Heft 163:
Dipl.-Ing. W. Rohs und Text.-Ing. H. Griese, Bielefeld
Untersuchungsarbeiten zur Verbesserung des Leinenwebstuhles III

Heft 164:
Dr.-Ing. H. Schmachtenberg, Köln
Neuartige Prüfeinrichtungen für Kraftfahrzeuge

Heft 165:
Dr.-Ing. W. Wilhelm, Aachen
Instationäre Gasströmung im Auspuffsystem eines Zweitaktmotors

Heft 166:
Prof. Dr. M. von Stackelberg, Dr. H. Heindze, Dr. H. Hübschke und Dr. K. H. Frangen, Bonn
Kolloidchemische Untersuchungen

Heft 167:
Prof. Dr.-Ing. F. Schuster, Essen
I. Über die Heißkarburierung von Brenngasen mit Ölen und Teeren
II. Die Strahlungsvorgänge in brennstoffbeheizten Öfen bei verschiedenen Verbrennungsatmosphären

Heft 168:
Prof. Dr.-Ing. F. Schuster, Essen
I. Luftvorwärmung an Gasfeuerungen
II. Heizwerthöhe von Brenngasen und Wirkungsgrad sowie Gasverbrauch bei der Gasverwendung
III. Sauerstoffangereicherte Luft und feuerungstechnische Kenngrößen von Brenngasen

Heft 169:
Forschungsinstitut für Pigmente und Lacke, Stuttgart
Arbeiten über die Bestimmung des Gebrauchswertes von Lackfilmen durch physikalische Prüfungen

Heft 170:
Prof. Dr. F. Wever, Dr. A. Rose und Dipl.-Ing. L. Rademacher, Düsseldorf
Anwendung der Umwandlungsschaubilder auf Fragen der Werkstoffauswahl beim Schweißen und Flammhärten

Heft 171:
Wäschereiforschung, Krefeld
Untersuchung der Wäscheentwässerung mit Hilfe von Zentrifugen und Pressen

Heft 172:
Dipl.-Ing. W. Rohs, Dr.-Ing. G. Satlow und Text.-Ing. G. Heller, Bielefeld
Trocknung von Hanfgarnen. Kreuzspultrocknung

Heft 173:
Prof. Dr. W. Kast, Krefeld, Prof. Dr. R. Hosemann und
Dipl.-Phys. G. Schoknecht, Berlin
Lichtoptische Herstellung und Diskussion der Faltungsquadrate parakristalliner Gitter

Heft 174:
Prof. Dr. W. von Fragstein, Dr. J. Meingast und H. Hoch, Köln
Herstellung von Solen einheitlicher Teilchengröße und Ermittlung ihrer optischen Eigenschaften

Heft 175:
Dr.-Ing. H. Zeller, Aachen
Beitrag zur eindimensionalen stationären und nichtstationären Gasströmung mit Reibung und Wärmeleitung insbesondere in Rohren mit unstetigen Querschnittsänderungen

Heft 176:
Dipl.-Ing. H. Schöberl, Duisburg
Über die Methoden zur Ermittlung der Verbrennungstemperatur von Brennstoffen und ein Vorschlag zu ihrer Verbesserung

Heft 177:
Dipl.-Ing. H. Stüdemann, Solingen, und Dr.-Ing. W. Müchler, Essen
Entwicklung eines Verfahrens zur zahlenmäßigen Bestimmung der Schneideigenschaften von Messerklingen

Heft 178:
Prof. Dr. M. von Stackelberg und Dr. W. Hans, Bonn
Untersuchungen zur Ausarbeitung und Verbesserung von polarographischen Analysenmethoden

Heft 179:
Dipl.-Ing. H. F. Reineke, Bochum
Entwicklungsarbeiten auf dem Gebiete der Meß- und Regeltechnik

Heft 180:
Dr.-Ing. W. Piepenburg, Dipl.-Ing. B. Bühling und Bauing. J. Behnke, Köln
Putzarbeiten im Hochbau und Versuche mit aktiviertem Mörtel und mechanischem Mörtelauftrag

Heft 181:
Prof. Dr. W. Franz, Münster
Theorie der elektrischen Leitvorgänge in Halbleitern und isolierenden Festkörpern bei hohen elektrischen Feldern

Heft 182:
Dr.-Ing. P. Schenk und Dr. K. Osterloh, Düsseldorf
Katalytisch-thermische Spaltung von gasförmigen und flüssigen Kohlenwasserstoffen zur Spitzengaserzeugung

Heft 183:
Dr. W. Bornheim, Köln
Entwicklungsarbeiten an Flaschen- und Ampullen-Behandlungsmaschinen für die pharmazeutische Industrie

Heft 184:
Dr.-Ing. E. Printz, Kettwig
Vollhydraulische Parallel-Kupplung für Ackerschlepper

Heft 185:
Dipl.-Ing. W. Rohs und Text.-Ing. G. Heller, Bielefeld
Studien an einem neuzeitlichen Kreuzspultrockner für Bastfasergarne mit Wiederbefeuchtungszone

Heft 186:
Dr. E. Wedekind, Krefeld
Untersuchungen zur Arbeitsbestgestaltung bei der Fertigstellung von Oberhemden in gewerblichen Wäschereien

Heft 187:
Dipl.-Ing. F. Göttgens, Essen
Über die Eigenarten der Bimetall-, Thermo- und Flammenionisationssicherungsmethode in ihrer Anwendung auf Zündsicherungen

Heft 188:
W. Kinnebrock, Langenberg
Der Einfluß des Austausches gleicher Gaskochbrenner bzw. Gaskochbrennerteile auf den Wirkungsgrad und insbesondere auf den CO-Gehalt der Verbrennungsgase

Heft 189:
Fa. E. Leybold's Nachfolger, Köln
I. Ausgewählte Kapitel aus der Vakuumtechnik
II. Zum Verlust anorganisch-nichtflüchtiger Substanzen während der Gefriertrocknung

Heft 190:
Prof. Dr. A. Neuhaus, Prof. Dr. O. Schmitz-DuMont und Dipl.-Chem. H. Reckhard, Bonn
Zur Kenntnis der Alkalititanate

Heft 191:
Dr.-Ing. H. Söhngen, Darmstadt
Schwingungsverhalten eines Schaufelkranzes im Vakuum

Heft 192:
Dipl.-Phys. E. M. Schneider, München
Kohlebogenlampen für Aufnahme und Kopie

Heft 193:
Prof. Dr. O. Schmitz-DuMont, Bonn
Untersuchungen über neue Pigmentfarbstoffe

Heft 194:
Dr. K. Hecht, Köln
Entwicklung neuartiger physikalischer Unterrichtsgeräte

Heft 195:
Dr.-Ing. E. Rößger, Köln
Gedanken über einen neuen deutschen Luftverkehr

Heft 196:
Dipl.-Ing. W. Rohs und Text.-Ing. H. Griese, Bielefeld
Auswirkungen von Garnfehlern bei der Verarbeitung von Leinengarnen

Heft 197:
Dr. E. Wedekind, Krefeld
Untersuchungen zur Bestimmung der optimalen Arbeitsplatzgröße bei Mehrstuhlarbeit in der Weberei

Heft 198:
Prof. Dr. J. Weissinger, Karlsruhe
Zur Aerodynamik des Ringflügels. Die Druckverteilung dünner, fast drehsymmetrischer Flügel in Unterschallströmung

Heft 199:
Textilforschungsanstalt Krefeld
Die Messung von Gewebetemperaturen mittels Temperaturstrahlung

Heft 200:
R. Seipenbusch, Langenberg (Rhld.)
Spitzengas durch Zusatz von Flüssiggas-, Wassergas- und Flüssiggas-Generatorgas-Gemischen zu Stadtgas

Heft 201:
Dr.-Ing. E. W. Pleines, Frankfurt a. M.
Die Sicherheit im Luftverkehr

Heft 202:
Dipl.-Ing. D. Fiecke, Stuttgart
Die Bestimmung der Flugzeugpolaren für Entwurfszwecke.
I. Teil: Unterlagen

Heft 203:
Dr. G. Wandel, Bonn
Uferbewachsung und Lebendverbauung an den Nordwestdeutschen Kanälen und ihren Zuflüssen sowie an der Ruhr

Heft 204:
Dipl.-Ing. B. Naendorf, Langenberg (Rhld.)
Bestimmung der Brenneigenschaften und des Brennverhaltens verschiedener Gasarten und Einfluß verschiedener Düsengestaltung

Heft 205:
Dr. C. Schaarwächter, Düsseldorf
Über plastische Kupfer-Eisen-Phosphor-Legierungen

Heft 206:
Dr. P. Hölemann, Ing. R. Hasselmann und Ing. G. Dix, Dortmund
Untersuchungen über die Vorgänge bei der Zersetzung von in Azeton gelöstem Azetylen

Heft 207:
Prof. Dr.-Ing. H. Opitz, Dipl.-Ing. K. H. Fröhlich und Dipl.-Ing. H. Siebel, Aachen
Richtwerte für das Fräsen von unlegierten und legierten Baustählen mit Hartmetall. Teil I

Heft 208:
Prof. Dr.-Ing. H. Müller, Essen
Untersuchung von Elektrowärmegeräten für Laienbedienung hinsichtlich Sicherheit und Gebrauchsfähigkeit. I. Untersuchung an Kochplatten

Heft 209:
Dr. K. Bunge, Leverkusen
Materialabbau in Funkenentladungen. Untersuchungen an Zinkkathoden

Heft 210:
Dr. W. Porschen und Prof. Dr. W. Riezler, Bonn
Langlebige Alpha-Aktivitäten bei natürlichen Elementen

Heft 211:
Prof. Dipl.-Ing. W. Sturtzel und Dr.-Ing. W. Graff, Duisburg
Die Versuchsanstalt für Binnenschiffbau, Duisburg

Heft 212:
Dipl.-Ing. H. Spodig, Selm
Untersuchung zur Anwendung der Dauermagnete in der Technik

Heft 213:
Dipl.-Ing. K.-F. Rittinghaus, Aachen
Zusammenstellung eines Meßwagens für Bau- und Raumakustik

Heft 214:
Dr.-Ing. J. Endres, München
Berechnung der optimalen Leistungen, Kraftstoffverbräuche und Wirkungsgrade von Einkreis-Turbolader-Strahltriebwerken am Boden und in der Höhe bei Fluggeschwindigkeiten von 0 bis 2000 km/h

Heft 215:
Prof. Dr.-Ing. H. Opitz und Dr.-Ing. G. Weber, Aachen
Einfluß der Wärmebehandlung von Baustählen auf Spanentstehung, Schnittkraft und Standzeitverhalten

Heft 216:
Dr. E. Kloth, Köln
Untersuchungen über die Ausbreitung kurzer Schallimpulse bei der Materialprüfung mit Ultraschall

Heft 217:
Rationalisierungs-Kuratorium der Deutschen Wirtschaft (RKW), Frankfurt a. M.
Typenvielzahl bei Haushaltgeräten und Möglichkeiten einer Beschränkung

Heft 218:
Dr. F. Keune, Aachen
Bericht über eine Theorie der Strömung um Rotationskörper ohne Anstellung bei Machzahl Eins

Heft 219:
Prof. Dr. W. Fuchs, Aachen
Untersuchungen zur Holzabfallverwertung und zur Chemie des Lignins

Heft 220:
Prof. Dr. W. Fuchs, Aachen
Entwicklung neuer Regel- und Kontroll-Apparate zur coulometrischen Analyse

Heft 221:
Dr. W. Meyer-Eppler, Bonn
Experimentelle Untersuchungen zum Mechanismus von Stimme und Gehör in der lautsprachlichen Kommunikation

Heft 222
Dr. L. Köllner und Dipl.-Volkswirt M. Kaiser, Münster
Die internationale Wettbewerbsfähigkeit der westdeutschen Wollindustrie

Heft 223:
Dr.-Ing. K. Alberti und Dr. F. Schwarz, Köln
Über das Problem Hartbrand-Weichbrand

Heft 224:
Dipl.-Ing. H. Stüdemann und Ing. R. Beu, Solingen
Verfahren zur Prüfung der Korrosionsbeständigkeit von Messerklingen aus rostfreiem Stahl

Heft 225:
Dr.-Ing. E. Barz, Remscheid
Der Spannungszustand von Gattersägeblättern

Heft 226:
Techn.-Wissenschaftl. Büro für die Bastfaserindustrie, Bielefeld
Untersuchungen zur Verbesserung des Leinenwebstuhles IV. Die Wirkung verschiedener Kettbaumbremsen auf die Verwebung von Leinengarnen

Heft 227
Prof. Dr. F. Wever, Düsseldorf und Dr. W. Wepner, Köln
Untersuchung der Alterungsneigung von weichen und unlegierten Stählen durch Härteprüfung bei Temperaturen bis 300° C

Heft 228
Prof. Dr. F. Wever, Dr. W. Koch, Düsseldorf und Dr. B. A. Steinkopf, Dortmund
Spektrochemische Grundlagen der Analyse von Gemischen aus Kohlenmonoxyd, Wasserstoff und Stickstoff

Heft 229:
Prof. Dr. F. Wever, Dr. W. Koch und Dr.-Ing. Malissa, Düsseldorf
Über die Anwendung disubstituierter Dithiocarbamate in der analytischen Chemie

Heft 230:
Prof. Dr. F. Wever, Düsseldorf und Dr. W. Wepner, Köln
Bestimmung kleiner Kohlenstoffgehalte im α-Eisen durch Dämpfungsmessung

VERÖFFENTLICHUNGEN DER ARBEITSGEMEINSCHAFT FÜR FORSCHUNG DES LANDES NORDRHEIN-WESTFALEN

Naturwissenschaften

Heft 1:
Prof. Dr.-Ing. F. Seewald, Aachen
Neue Entwicklungen auf dem Gebiet der Antriebsmaschinen
Prof. Dr.-Ing. F. A. F. Schmidt, Aachen
Technischer Stand und Zukunftsaussichten der Verbrennungsmaschinen, insbesondere der Gasturbinen
Dr.-Ing. R. Friedrich, Mülheim (Ruhr)
Möglichkeiten und Voraussetzungen der industriellen Verwertung der Gasturbine

Heft 2:
Prof. Dr.-Ing. W. Riezler, Bonn
Probleme der Kernphysik
Prof. Dr. Micheel, Münster
Isotope als Forschungsmittel in der Chemie und Biochemie

Heft 3:
Prof. Dr. E. Lehnartz, Münster
Der Chemismus der Muskelmaschine
Prof. Dr. G. Lehmann, Dortmund
Physiologische Forschung als Voraussetzung der Bestgestaltung der menschlichen Arbeit
Prof. Dr. H. Kraut, Dortmund
Ernährung und Leistungsfähigkeit

Heft 4:
Prof. Dr. F. Wever, Düsseldorf
Aufgaben der Eisenforschung
Prof. Dr.-Ing. H. Schenck, Aachen
Entwicklungslinien des deutschen Eisenhüttenwesens
Prof. Dr.-Ing. M. Haas, Aachen
Wirtschaftliche Bedeutung der Leichtmetalle und ihre Entwicklungsmöglichkeiten

Heft 5:
Prof. Dr. W. Kikuth, Düsseldorf
Virusforschung
Prof. Dr. R. Danneel, Bonn
Fortschritte der Krebsforschung
Prof. Dr. W. Schulemann, Bonn
Wirtschaftliche und organisatorische Gesichtspunkte für die Verbesserung unserer Hochschulforschung

Heft 6:
Prof. Dr. W. Weizel, Bonn
Die gegenwärtige Situation der Grundlagenforschung in der Physik
Prof. Dr. S. Strugger, Münster
Das Duplikantenproblem in der Biologie
Direktor Dr. F. Gummert, Essen
Überlegungen zu den Faktoren Raum und Zeit im biologischen Geschehen und Möglichkeiten einer Nutzanwendung

Heft 7:
Prof. Dr.-Ing. A. Götte, Aachen
Steinkohle als Rohstoff und Energiequelle
Prof. Dr. Dr. E. h. K. Ziegler, Mülheim/Ruhr
Über Arbeiten des Max-Planck-Institutes für Kohlenforschung

Heft 8:
Prof. Dr.-Ing. W. Fucks, Aachen
Die Naturwissenschaft, die Technik und der Mensch
Prof. Dr. W. Hoffmann, Münster
Wirtschaftliche und soziologische Probleme des technischen Fortschritts

Heft 9:
Prof. Dr.-Ing. F. Bollenrath, Aachen
Zur Entwicklung warmfester Werkstoffe
Prof. Dr. H. Kaiser, Dortmund
Stand spektralanalytischer Prüfverfahren und Folgerung für deutsche Verhältnisse

Heft 10:
Prof. Dr. H. Braun, Bonn
Möglichkeiten und Grenzen der Resistenzzüchtung
Prof. Dr.-Ing. C. H. Dencker, Bonn
Der Weg der Landwirtschaft von der Energieautarkie zur Fremdenergie

Heft 11:
Prof. Dr.-Ing. H. Opitz, Aachen
Entwicklungslinien der Fertigungstechnik in der Metallbearbeitung
Prof. Dr.-Ing. K. Krekeler, Aachen
Stand und Aussichten der schweißtechnischen Fertigungsverfahren

Heft 12:
Dr. H. Rathert, Wuppertal-Elberfeld
Entwicklung auf dem Gebiet der Chemiefaser-Herstellung
Prof. Dr. W. Weltzien, Krefeld
Rohstoff und Veredlung in der Textilwirtschaft

Heft 13:
Dr.-Ing. E. h. K. Herz, Frankfurt a. M.
Die technischen Entwicklungstendenzen im elektrischen Nachrichtenwesen
Staatssekretär Prof. L. Brandt, Düsseldorf
Navigation und Luftsicherung

Heft 14:
Prof. Dr. B. Helferich, Bonn
Stand der Enzymchemie und ihre Bedeutung
Prof. Dr. H. W. Knipping, Köln
Ausschnitt aus der klinischen Carcinomforschung am Beispiel des Lungenkrebses

Heft 15:
Prof. Dr. A Esau, Aachen
Ortung mit elektrischen und Ultraschallwellen in Technik und Natur
Prof. Dr.-Ing. E. Flegler, Aachen
Die ferromagnetischen Werkstoffe der Elektrotechnik und ihre neueste Entwicklung

Heft 16:
Prof. Dr. R. Seyffert, Köln
Die Problematik der Distribution
Prof. Dr. Theodor Beste, Köln
Der Leistungslohn

Heft 17:
Prof. Dr.-Ing. Seewald, Aachen
Luftfahrtforschung in Deutschland und ihre Bedeutung für die allgemeine Technik
Prof. Dr.-Ing. E. Houdremont, Essen
Art und Organisation der Forschung in einem Industrieforschungsinstitut der Eisenindustrie

Heft 18:
Prof. Dr. W. Schulemann, Bonn
Theorie und Praxis pharmakologischer Forschung
Prof. Dr. W. Groth, Bonn
Technische Verfahren zur Isotopentrennung

Heft 19:
Dipl.-Ing. K. Traenckner, Essen
Entwicklungstendenzen der Gaserzeugung

Heft 20:
M. Zvegintzow, London
Wissenschaftliche Forschung und die Auswertung ihrer Ergebnisse
Ziel u. Tätigkeit der National Research Development Corporation
Dr. A. King, London
Wissenschaft und internationale Beziehungen

Heft 21:
Prof. Dr. R. Schwarz, Aachen
Wesen und Bedeutung der Silicium-Chemie
Prof. Dr. Dr. h. c. K. Alder, Köln
Fortschritte in der Synthese von Kohlenstoffverbindungen

Heft 21 a
Prof. Dr. Dr. h. c. O. Hahn, Göttingen
Die Bedeutung der Grundlagenforschung für die Wirtschaft
Prof. Dr. S. Strugger, Münster
Die Erforschung des Wasser- und Nährsalztransportes im Pflanzenkörper mit Hilfe der fluoreszenzmikroskopischen Kinematographie

Heft 22:
Prof. Dr. J. von Allesch, Göttingen
Die Bedeutung der Psychologie im öffentlichen Leben
Prof. Dr. O. Graf, Dortmund
Triebfedern menschlicher Leistung

Heft 23:
Prof. Dr. Dr. h. c. B. Kuske, Köln
Zur Problematik der wirtschaftswissenschaftlichen Raumforschung
Prof. Dr. Dr.-Ing. E. h. St. Prager, Düsseldorf
Städtebau und Landesplanung

Heft 24:
Prof. Dr. R. Danneel, Bonn
Über die Wirkungsweise der Erbfaktoren
Prof. Dr. K. Herzog, Krefeld
Bewegungsbedarf der menschlichen Gliedmaßengelenke bei der Berufsarbeit

Heft 25:
Prof. Dr. O. Haxel, Heidelberg
Energiegewinnung aus Kernprozessen
Dr.-Ing. Dr. M. Wolf, Düsseldorf
Gegenwartsprobleme der energiewirtschaftlichen Forschung

Heft 26:
Prof. Dr. F. Becker, Bonn
Ultrakurzwellenstrahlung aus dem Weltraum
Dr. H. Straßl, Bonn
Bemerkenswerte Doppelsterne und das Problem der Sternentwicklung

Heft 27:
Prof. Dr. H. Behnke, Münster
Der Strukturwandel der Mathematik in der ersten Hälfte des 20. Jahrhunderts
Prof. Dr. E. Sperner, Hamburg
Eine mathematische Analyse der Luftdruckverteilung in großen Gebieten

Heft 28:
Prof. Dr. O. Niemczyk, Aachen
Die Problematik gebirgsmechanischer Vorgänge im Steinkohlenbergbau
Prof. Dr. W. Ahrens, Krefeld
Die Bedeutung geologischer Forschung für die Wirtschaft besonders in Nordrhein-Westfalen

Heft 29:
Prof. Dr. B. Rensch, Münster
Das Problem der Residuen bei Lernleistungen
Prof. Dr. H. Fink, Köln
Über Leberschäden bei der Bestimmung des biologischen Wertes verschiedener Eiweiße von Mikroorganismen

Heft 30:
Prof. Dr.-Ing. F. Seewald, Aachen
Forschungen auf dem Gebiete der Aerodynamik
Prof. Dr.-Ing. K. Leist, Aachen
Forschungen in der Gasturbinentechnik

Heft 31:
Prof. Dr.-Ing. Dr. h. c. F. Mietzsch, Wuppertal
Chemie und wirtschaftliche Bedeutung der Sulfonamide
Prof. Dr. Dr. h. c. G. Domagk, Wuppertal
Die experimentellen Grundlagen der bakteriellen Infektionen

Heft 32:
Prof. Dr. H. Braun, Bonn
Die Verschleppung von Pflanzenkrankheiten und -schädlingen über die Welt
Prof. Dr. W. Rudorf, Voldagsen
Der Beitrag von Genetik und Züchtung zur Bekämpfung von Viruskrankheiten der Nutzpflanzen

Heft 33:
Prof. Dr.-Ing. V. Aschoff, Aachen
Probleme der elektroakustischen Einkanalübertragung
Prof. Dr.-Ing. H. Döring, Aachen
Erzeugung und Verstärkung von Mikrowellen

Heft 34:
Geheimrat Prof. Dr. Dr. R. Schenck, Aachen
Bedingungen und Gang der Kohlenhydratsynthese im Licht
Prof. Dr. E. Lehnartz, Münster
Die Endstufen des Stoffabbaues im Organismus

Heft 35:
Prof. Dr.-Ing. H. Schenck, Aachen
Gegenwartsprobleme der Eisenindustrie in Deutschland
Prof. Dr.-Ing. Piwowarsky †, Aachen
Gelöste und ungelöste Probleme im Gießereiwesen

Heft 36:
Prof. Dr. W. Riezler, Bonn
Teilchenbeschleuniger
Prof. Dr. G. Schubert, Hamburg
Anwendung neuer Strahlenquellen in der Krebstherapie

Heft 37:
Prof. Dr. F. Lotze, Münster
Probleme der Gebirgsbildung
Bergwerksdirektor Bergassessor a. D. Rauschenbach, Essen
Die Erhaltung der Förderungskapazität des Ruhrbergbaues auf lange Sicht

Heft 38:
Dr. E. C. Cherry, London
Kybernetik
Prof. Dr. E. Pietsch, Clausthal-Zellerfeld
Dokumentation und mechanisches Gedächtnis — zur Frage der Ökonomie der geistigen Arbeit

Heft 39:
Dr. H. Haase, Hamburg
Infrarot und seine technischen Anwendungen
Prof. Dr. A. Esau, Aachen
Die Bedeutung des Ultraschalls für technische Anwendungsgebiete

Heft 40:
Bergassessor F. Lange, Bochum-Hordel
Die wirtschaftliche und soziale Bedeutung der Silikose im Bergbau
Prof. Dr. W. Kikuth, Düsseldorf
Die Entstehung der Silikose und ihre Verhütungsmaßnahmen

Heft 40 a:
Prof. Dr. E. Gross, Bonn
Berufskrebs und Krebsforschung
Prof. Dr. H. W. Knipping, Köln
Die Situation der Krebsforschung vom Standpunkt der Klinik

Heft 41:
Dr.-Ing. G. V. Lachmann, Teddington
An einer neuen Entwicklungsschwelle im Flugzeugbau
Dr. A. Gerber, Zürich
Stand der Entwicklung der Raketen- und Lenktechnik

Heft 42:
Prof. Dr. T. Kraus, Köln
Lokalisationsphänomene und Raumordnung vom Standpunkt der geographischen Wissenschaft
Direktor Dr. F. Gummert, Essen
Vom Ernährungsversuchsfeld der Kohlenstoffbiologischen Forschungsstation Essen (Ein 6 Jahre lang durchgeführter Versuch, einen Menschen aus dem Ertrag von 1250 qm zu ernähren)

Heft 42 a:
Prof. Dr. Dr. h. c. G. Domagk, Wuppertal
Fortschritte auf dem Gebiet der experimentellen Krebsforschung

Heft 43:
Prof. G. Lampariello, Rom
Über Leben und Werk von Heinrich Hertz
Prof. Dr. W. Weizel, Bonn
Über das Problem der Kausalität in der Physik

Heft 43 a:
Prof. Dr. J. Mª Albareda, Madrid
Die Entwicklung der Forschung in Spanien

Heft 44:
Prof. Dr. B. Helferich, Bonn
Über Glykose
Prof. Dr. F. Micheel, Münster
Kohlenhydrat-Eiweiß-Verbindungen und ihre bio-chemische Bedeutung

Heft 45:
Prof. Dr. J. von Neumann, Princeton/USA
Entwicklung und Ausnutzung neuerer mathematischer Maschinen
Prof. Dr. E. Stiefel, Zürich
Rechenautomaten im Dienste der Technik mit Beispielen aus dem Züricher Institut für angewandte Mathematik

Heft 46:
Prof. Dr. W. Weltzien, Krefeld
Ausblick auf die Entwicklung synthetischer Fasern
Prof. Dr. W. Hoffmann, Münster
Wachstumsformen der Industriewirtschaft

Heft 47:
Staatssekretär Prof. L. Brandt, Düsseldorf
Die praktische Förderung der Forschung in Nordrhein-Westfalen
Prof. Dr: L. Raiser, Bad Godesberg
Die Förderung der angewandten Forschung durch die Deutsche Forschungsgemeinschaft

Heft 48:
Dr. H. Tromp, Rom
Bestandsaufnahme der Wälder der Welt als internationale und wissenschaftliche Aufgabe
Prof. Dr. F. Heske, Schloß Reinbek
Die Wohlfahrtswirkungen des Waldes als internationales Problem

Heft 49:
Präsident Dr. G. Böhnecke, Hamburg
Zeitfragen der Ozeanographie
Reg.-Direktor Dr. H. Gabler, Hamburg
Nautische Technik und Schiffssicherheit

Heft 50:
Prof. Dr.-Ing. F. A. F. Schmidt, Aachen
Probleme der Selbstentzündung und Verbrennung bei der Entwicklung der Hochleistungskraftmaschinen
Prof. Dr.-Ing. A. W. Quick, Aachen
Ein Verfahren zur Untersuchung des Austauschvorganges in verwirbelten Strömungen hinter Körpern mit abgelöster Strömung

Heft 51:
Prof. Dr. S. Strugger, Münster
Struktur, Entwicklungsgeschichte und Physiologie der Chloroplasten
Direktor Dr. J. Pätzold, Erlangen
Therapeutische Anwendung mechanischer und elektrischer Energie

VERÖFFENTLICHUNGEN DER ARBEITSGEMEINSCHAFT FÜR FORSCHUNG DES LANDES NORDRHEIN-WESTFALEN

Geisteswissenschaften

Heft 1:
Prof. Dr. W. Richter, Bonn
Die Bedeutung der Geisteswissenschaften für die Bildung unserer Zeit
Prof. Dr. J. Ritter, Münster
Die aristotelische Lehre vom Ursprung und Sinn der Theorie

Heft 2:
Prof. Dr. J. Kroll, Köln
Elysium
Prof. Dr. G. Jachmann, Köln
Die vierte Ekloge Vergils

Heft 3:
Prof. Dr. H. Stier, Münster
Die klassische Demokratie

Heft 4:
Prof. Dr. W. Caskel, Köln
Lihyan und Lihyanisch, Sprache und Kultur eines früharabischen Königreiches

Heft 5:
Prof. Dr. T. Ohm, Münster
Stammesreligionen im südlichen Tanganyika-Territorium

Heft 6:
Prälat Prof. Dr. Dr. h. c. G. Schreiber, Münster
Deutsche Wissenschaftspolitik von Bismarck bis zum Atomwissenschaftler Otto Hahn

Heft 7:
Prof. Dr. W. Holtzmann, Bonn
Das mittelalterliche Imperium und die werdenden Nationen

Heft 8:
Prof. Dr. W. Caskel, Köln
Die Bedeutung der Beduinen in der Geschichte der Araber

Heft 9:
Prälat Prof. Dr. Dr. h. c. G. Schreiber, Münster
Iroschottische Motive im abendländischen Sakralraum

Heft 10:
Prof. Dr. P. Rassow
Forschungen zur Reichsidee im 16. und 17. Jahrhundert

Heft 11:
Prof. Dr. H. E. Stier, Münster
Roms Aufstieg zur Weltherrschaft

Heft 12:
Prof. D. K. Rengstorf, Münster
Mann und Frau im Urchristentum
Prof. Dr. H. Conrad, Bonn
Grundprobleme einer Reform des Familienrechts

Heft 13:
Prof. Dr. M. Braubach, Bonn
Der Weg zum 20. Juli 1944 — Ein Forschungsbericht

Heft 14:
Prof. Dr. P. Hübinger, Münster
Das deutsch-französische Verhältnis und seine mittelalterlichen Grundlagen

Heft 15:
Prof. Dr. F. Steinbach, Bonn
Der geschichtliche Weg des wirtschaftenden Menschen in die soziale Freiheit und politische Verantwortung

Heft 16:
Prof. Dr. J. Koch, Köln
Die Ars coniecturalis des Nikolaus von Cues

Heft 17:
Prof. Dr. J. Conant, US-Hochkommissar für Deutschland
Staatsbürger und Wissenschaftler
Prof. D. K. H. Rengstorf, Münster
Antike und Christentum

Heft 18:
Prof. Dr. R. Alewyn, Köln
Klopstocks Publikum

Heft 19:
Prof. Dr. F. Schalk, Köln
Das Lächerliche in der französischen Literatur des Ancien Régime

Heft 20:
Prof. Dr. L. Raiser, Bad Godesberg
Rechtsfragen der Mitbestimmung

Heft 21:
Prof. D. M. Noth, Bonn
Das Geschichtsverständnis der alttestamentlichen Apokalyptik

Heft 22:
Prof. Dr. W. F. Schirmer, Bonn
Glück und Ende des Königs in Shakespeares Historien

Heft 23:
Prof. Dr. G. Jachmann, Köln
Der homerische Schiffskatalog und die Ilias

Heft 24:
Prof. Dr. T. Klauser, Bonn
Die römischen Petrustraditionen im Lichte der neuen Ausgrabungen unter der Peterskirche

Heft 25:
Prof. Dr. H. Peters, Köln
Die Gewaltentrennung in moderner Sicht

Heft 26:
Prof. Dr. F. Schalk, Köln
Calderon und die Mythologie

Heft 27:
Prof. Dr. J. Kroll, Köln
Vom Leben geflügelter Worte

Heft 28:
Prof. Dr. T. Ohm, Münster
Die Religionen in Asien

Heft 29:
Prof. Dr. L. Weisgerber, Bonn
Die Ordnung der Sprache im persönlichen und öffentlichen Leben

Heft 30:
Prof. Dr. W. Caskel, Köln
Entdeckungen in Arabien

Heft 31:
Prof. Dr. M. Braubach, Bonn
Entstehung und Entwicklung der landesgeschichtlichen Bestrebungen und historischen Vereine im Rheinland

Heft 32:
Prof. Dr. F. Schalk, Köln
Somnium und verwandte Wörter in den romanischen Sprachen

Heft 33:
Prof. Dr. F. Dessauer, Frankfurt a. M.
Erbe und Zukunft des Abendlandes

Heft 34:
Prof. Dr. T. Ohm, Münster
Ruhe und Frömmigkeit

Heft 35:
Prof. Dr. H. Conrad, Bonn
Die mittelalterliche Besiedlung des deutschen Ostens und das deutsche Recht

Heft 36:
Prof. Dr. H. Sckommodau, Köln
Die religiösen Dichtungen Margaretes von Navarra

Heft 37:
Prof. Dr. H. von Einem, Bonn
Der Kopf mit der Binde des Meisters von Naumburg

Heft 38:
Prof. Dr. J. Höffner, Münster
Statik und Dynamik in der scholastischen Wirtschaftsethik

Heft 39:
Prof. Dr. F. Schalk, Köln
Diderots Essai über Claudius und Nero

Heft 40:
Prof. Dr. G. Kegel, Köln
Probleme des internationalen Enteignungs- und Währungsrechts

Heft 41:
Prof. Dr. L. Weisgerber, Bonn
Die Grenzen der Schrift

Heft 42:
Prof. Dr. R. Alewyn, Köln
Von der Empfindsamkeit zur Romantik

Heft 43:
Prof. Dr. T. Schieder, Köln
Die Probleme des Rapallo-Vertrages 1922

Heft 44:
Prof. Dr. A. Rumpf, Köln
Stilphasen der spätantiken Kunst

If you have any concerns about our products,
you can contact us on
ProductSafety@springernature.com

In case Publisher is established outside the EU,
the EU authorized representative is:
**Springer Nature Customer Service Center GmbH
Europaplatz 3, 69115 Heidelberg, Germany**

Printed by Libri Plureos GmbH
in Hamburg, Germany